「联创世纪」
LINCREATION

移动互联网运营（中级）

曾令辉 崔野 倪海青 主编

联创新世纪（北京）品牌管理股份有限公司 组编

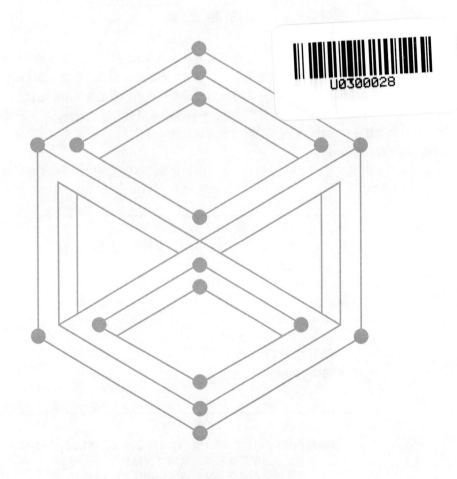

人民邮电出版社
北京

图书在版编目（CIP）数据

移动互联网运营：中级 / 曾令辉，崔野，倪海青主编；联创新世纪（北京）品牌管理股份有限公司组编. -- 北京：人民邮电出版社，2021.11
移动互联网运营"1+X"证书制度系列教材
ISBN 978-7-115-58230-0

Ⅰ. ①移… Ⅱ. ①曾… ②崔… ③倪… ④联… Ⅲ. ①移动网－运营管理－职业培训－教材 Ⅳ. ①TN929.5

中国版本图书馆CIP数据核字(2021)第259519号

内 容 提 要

本书为移动互联网运营"1+X"证书制度系列教材中的一本，严格依据教育部"1+X"证书制度移动互联网运营职业技能等级证书试点工作要求，结合《移动互联网运营职业技能等级标准》及相关考核对中级技能的要求进行编写，主要介绍了移动互联网运营领域的内容运营与用户运营的工作方法。

本书共 4 章，内容包括社交网络内容运营、短视频内容运营、用户运营、生活服务平台流量运营等。为方便读者进行操作训练，还提供了配套的实训教材《移动互联网运营实训（中级）》，以更好地帮助读者深入了解实际业务。

本书适合职业院校相关专业的师生阅读，也可供希望学习移动互联网运营相关知识的人员参考。

◆ 主　　编　曾令辉　崔　野　倪海青
　　组　　编　联创新世纪（北京）品牌管理股份有限公司
　　责任编辑　颜景燕
　　责任印制　王　郁　胡　南

◆ 人民邮电出版社出版发行　　北京市丰台区成寿寺路 11 号
　　邮编　100164　　电子邮件　315@ptpress.com.cn
　　网址　https://www.ptpress.com.cn
　　北京虎彩文化传播有限公司印刷

◆ 开本：800×1000　1/16
　　印张：10.25　　　　　　　　2021 年 11 月第 1 版
　　字数：193 千字　　　　　　 2021 年 11 月北京第 1 次印刷

定价：59.90 元

读者服务热线：(010)81055410　印装质量热线：(010)81055316
反盗版热线：(010)81055315
广告经营许可证：京东市监广登字 20170147 号

移动互联网运营"1+X"证书制度系列教材编委会名单

移动互联网运营"1+X"证书制度系列教材编委会 主任

郭 巍
联创新世纪（北京）品牌管理股份有限公司董事长

周 勇
中国人民大学新闻学院执行院长

移动互联网运营"1+X"证书制度系列教材编委会 成员
（按姓氏拼音顺序排列）

崔 恒
联创新世纪（北京）品牌管理股份有限公司总经理

段世文
新华网客户端总编辑

高 赛
光明网副总编辑

郎峰蔚
字节跳动副总编辑

李文婕
联创新世纪（北京）品牌管理股份有限公司课程委员会专家

武 颖
凌科睿胜文化传播（上海）有限公司副总裁

尹 力
联创新世纪（北京）品牌管理股份有限公司课程委员会专家

余海波
快手高级副总裁

序

20 世纪 60 年代，加拿大的马歇尔·麦克卢汉提出了"地球村"（global village）的概念。在当时，这富有诗意的语言更像是个浪漫的比喻，而不是在客观反映现实：虽然电视、电话已开始在全球普及，大型喷气式客机、高速铁路也大大缩短了环球旅行时间，但离惠及全球数十亿的普通人，让地球真正成为一个"村落"，似乎还有很长的路要走。

但近 30 年来，特别是进入 21 世纪以后，"地球"成"村"的速度远远超过了当初人们最大胆的预估：互联网产业飞速崛起，智能手机全面普及，人类社会中个体之间连接的便利性得到前所未有地增强；个体获取信息的广度和速度空前提升，一个身处偏僻小村子的人，也可以通过移动互联网与世界同步连接；信息流的改变，也同步带来了物流、服务流以及资金流的改变，这些改变对各行各业的原有规则、利益格局、分配方式都产生了不同程度的影响。今天，几乎所有行业，尤其是服务业，都在与移动互联网、新媒体深度融合，这些就像当初蒸汽机改良、电力广泛应用于传统产业中一样。

作为一名从 20 世纪 90 年代初就开始专门学习并研究新闻传播学的教育工作者，我全程经历了近 30 年来互联网对新闻传播领域的冲击和改变，深感我们的教育工作应与移动互联网、新媒体实践深入结合的紧迫性和必要性。

首先，学科建设与产业深度融合的紧迫性和必要性大大增强了。

在以报刊、广播电视为主要传播渠道的时代，我们用以考察行业变迁、开展教学研究的时间可以是几年或十几年；而在移动互联网、新媒体广泛应用后，这个时间周期就显得有些长了。几年或十几年的时间，移动互联网、新媒体领域已是"沧海桑田"：当今流行的短视频平台，问世至今才 4 年多；已经实现覆盖全中国的社交网络，只有 10 年的历史；即便是标志着全球进入移动互联时代的智能手机，也是 2007 年才正式发布的。移动互联网、新媒体领域的从业人员普遍认为他们一年所经历的市场变化，相当于传统行业 10 年的变化。

这种情况给教学研究带来了新的挑战和机遇，它需要我们这些教育工作者不断拥抱变化，时时关注和了解新产品及其与产业的深度融合。唯有如此，才能保持教研工作的先进性和实践性，才能为理论研究和课堂教学赋能，才能真正提升学生的理论水平和实践能力。

其次，跨学科、多学科教学实践融合的紧迫性和必要性大大增强了。

传统行业与移动互联网、新媒体的紧密结合，是移动互联时代的显著特征。如今，无论是国家机关、企事业单位，还是个体经营的小餐馆，其日常传播与运营推广都离不开移动互联网的应用：为了更好地传播信息、拓展客户，他们或开通微信公众号，或接入美团和饿了么平台，或在淘宝、京东开店，或利用抖音、快手传播和获客，而熟悉和掌握这些移动互联网和新媒体平台运营推广技巧的人，自然也成了各行各业都希望获得的人才。

这样的人才是由新闻传播学科来培养，还是由市场营销学科来培养？是属于商科、文科还是工科？实事求是地说，我们现在的学科设置还不能完全适应市场需求，要培养出更多经世致用的人才，需要在与产业深度融合的基础之上，打破学科设置的界限，在跨学科、多学科融合培养方面下功夫，让教学实践真正服务于产业发展，让学生们能真正学以致用。

要实现学校教育与移动互联网、新媒体实践深入结合，为学习者赋能，满足社会需要，促进个人发展，并不容易。这些年来，职业教育领域一直在提倡"产教融合"，希望通过拉近产业与教育、院校与企业的距离，让职业院校的学生有更多更好的工作实践机会。从目前情况来看，教育部从 2019 年开始在职业院校、应用型本科高校启动的"学历证书 + 若干职业技能等级证书"（简称为"1+X"证书）制度试点工作，鼓励更多既熟悉市场需求又了解教育规律，能够无缝连接行业领军企业与职业院校，使双方均能产生"化学反应"的、专业的职业教育服务机构进入这一领域，并发挥积极作用。

在我看来，开发移动互联网运营与新媒体营销这两种职业技能等级标准的联创新世纪（北京）品牌管理股份有限公司（后文简称"联创世纪团队"），就是在"1+X"证书制度试点工作中涌现的杰出代表。如前所述，移动互联网和新媒体时代的运营、营销和推广技能，应用范围广、适用岗位多、市场需求大，已成为新时代经济社会发展进程中的必备职业技能。而职业院校，甚至整个高等教育领域，目前在移动互联网运营和新媒体营销教学、实践方面还存在短板，难以满足学生和用人单位日益增长且不断更新的需求。要解决这个问题，首先要对移动互联网运营和新媒体营销这两个既有区别又有紧密联系，而且还在不断变化演进中的职业技能进行通盘考虑和规划，整体开发两个标准，这样会比单独开发其中一个标准更全面，也更具实效。在教学实践中，哪些工作属于移动互联网运营？什么技能应划归新媒体营销？开发团队分别以"用户增长"和"收入增长"作为移动互联网运营和新媒体营销的核心要素，展开整个职业技能图谱，应该说是抓住了"牛鼻子"。在此基础上，开发好这两个职业技能等级标准、做好教学与实训，至少还需要具备以下两个条件。

第一，移动互联网也好，新媒体也好，都是集合概念，社交媒体、信息流产品、电子商务平台、生活服务类平台、手机游戏，等等，都是目前移动互联网的主要平台，而它们由于产品形态、用户用法、盈利模式、产业链构成都各不相同，因此涉及的传播、运营、推广、营销业务也各有特色。这就需要职业技能等级标准的开发者、教材的编写者具备上述相关行业较为资深的工作经历，熟谙移动互联网运营和新媒体营销的基础逻辑及规则，掌握各个平台的不同特点和操作方法。

第二，目前，对移动互联网运营、新媒体营销人才的需求广泛且层次多样：新闻媒体有需求，企业的市场推广部门也有需求；中央和国家机关、事业单位为了宣传推广，有这方面的需求；个体经营者和早期创业团队为了获客、留客也有需求。这些单位性质不同，规模不同，需求层次也不同，但综合在一起的岗位需求量巨大，以百万、千万计，这是学生们毕业求职的主战场。要满足岗位需求，就需要准确了解上述企事业单位的实际情况，有针对性地为学生提供移动互联网运营和新媒体营销的实用技能和实习实训机会。

呈现在读者面前的移动互联网运营和新媒体营销系列教材，就是由具备上述两个条件的联创世纪团队会同字节跳动、快手、新华网、光明网等行业领军企业的高级管理人员，与入选"双高计划"的多所职业院校的一线教师，共同编写而成的。

值得一提的是，本系列教材的组织编写单位和作者们，对于"快"与"慢"、"虚"与"实"有较深的理解和把握：一方面，移动互联时代，市场变化"快"、技能更新"快"，但教育是个"慢"的领域，一味图快、没有基础、没有沉淀是不能长久的；另一方面，职业技能必须要"实"，它来自实际，要实用，但技能的不断提升，也离不开"虚"的东西，离不开来自实践的方法提炼和理论总结。

　　本系列教材的组织编写单位正尝试着用移动互联网和新媒体的方式，协调"快"与"慢"、"虚"与"实"的问题，开发了网络学习管理系统、多媒体教学资源库，将与教材同步发布，并保持实时更新，市场上每个季度、每个月的运营和营销变化，都将体现在网络学习管理系统和多媒体教学资源库中。考虑到移动互联网和新媒体领域发展变化之迅速，可想而知这是一项很辛苦也很艰难的工作，但这是一项正确而重要的工作。

　　如今，移动互联网和新媒体正深刻改变着各行各业，在国民经济和社会发展中发挥着越来越重要的作用，与之相关的职业技能学习与实训工作意义重大、影响范围广泛。人民邮电出版社经过与联创世纪团队的精心策划，隆重推出此系列教材，很有战略眼光和市场敏感性。在这里，我谨代表编委会和全体作者向人民邮电出版社表示由衷的感谢。

　　中国职业教育的变革洪流浩浩荡荡，移动互联时代的车轮滚滚向前。移动互联网运营和新媒体营销这两种职业技能的"1+X"证书制度系列教材，以及与之同步开发的网络学习管理系统、多媒体教学资源库，会为发展大潮中相关职业技能人才的培养训练做出应有的贡献。这是参与编写出版此系列教材的全体人员的共同心愿。

2021 年 1 月

前 言

近年来，移动互联网产业蓬勃发展，已成为国民经济的重要组成部分。基于移动互联网技术、平台发展起来的移动互联网相关产业正在深刻改变着各行各业。第 48 次《中国互联网络发展状况统计报告》的数据显示，截至 2021 年 6 月，我国网民规模达到 10.11 亿，其中手机网民规模达到 10.07 亿。随着 5G、大数据、人工智能等技术的发展，移动互联网已经渗透到人们生活的各个方面。

随着移动互联网企业竞争的加剧以及传统产业和移动互联网融合的加深，运营人才的重要性将进一步提升。自《中华人民共和国职业分类大典》（2015 年版）颁布以来，截至 2020 年，我国已发布了 3 批共 38 个新职业。其中，在 2020 年发布的两批 25 个新职业中，就包括"全媒体运营师""互联网营销师"两个新职业，足见基于互联网、新媒体的运营和营销工作之新、之重要。

为满足移动互联网产业快速发展及运营人才增长的需求，教育部决定开展移动互联网运营"1+X"证书制度的试点工作，并联合联创新世纪（北京）品牌管理股份有限公司等企业制定了《移动互联网运营职业技能等级标准》。"1+X"证书制度即在职业院校实施"学历证书 + 若干职业技能等级证书"制度，由国务院于 2019 年 1 月 24 日在《国家职业教育改革实施方案》中提出并实施。职业技能等级证书（X 证书）是"1+X"证书制度设计的重要内容。该证书是一种新型证书，其"新"体现在两个方面：一是 X 与 1（学历证书）是相生相长的有机结合关系，X 要对 1 进行强化、补充；二是 X 证书不仅是普通的培训证书，也是推动"三教"改革、学分银行试点等多项改革任务的一种全新的制度设计，在深化办学模式、人才培养模式、教学方式方法改革等方面发挥重要作用。

为了帮助广大师生更好地把握移动互联网运营职业技能等级认证要求，联创新世纪（北京）品牌管理股份有限公司联合《移动互联网运营职业技能等级标准》的起草单位和职业教育领域相关学者，成立"移动互联网运营'1+X'证书制度系列教材编委会"，根据《移动互联网运营职业技能等级标准》和考核大纲，组织开发了移动互联网运营"1+X"证书制度系列教材，分别面向初级、中级和高级 3 个等级，每个等级中按照理论和实际操作两个侧重点分为两本教材。例如，面向中级，有侧重于理论的《移动互联网运营（中级）》和侧重于实际操作的《移动互联网运营实训（中级）》。

本教材为《移动互联网运营（中级）》，根据《移动互联网运营职业技能等级标准》中对中级技能的要求开发，共 4 章。其中，第 1 章"社交网络内容运营"，介绍了微信公众号、头条号、百家号、网易号、大鱼号等社交网络内容平台的概况和运营方式；第 2 章"短视频内容运营"，介绍了抖音、快手、微信视频号等短视频内容平台的概况和运营方式；第 3 章"用户运营"，介绍了用户运营这一移动互联网运营的人员必备的技能；第 4 章"生活服务平台流量运营"，介绍了以外卖和酒店旅行为主的生活服务平台获取流量、帮助店铺获得客户的方法和技能。本书在上述每一章的学习内容后，安排了配套的测试题，帮助读者掌握该模块的重点知识。

我们深知，职业技能的掌握重在实际操作。为了更好地推动移动互联网运营职业技能等级证书的考核工作，我们推出了网站 www.1xzhengshu.com，实时发布关于该证书报考的相关内容，供读者参阅。

本书适合作为职业院校、应用型本科院校，以及各类培训机构中与移动互联网运营相关课程的教学用书。移动互联网运营作为一项职业技能，始终处在更新和发展之中，欢迎广大读者和行业、企业运营专家对我们编写的教材提出宝贵的意见和建议。我们的联系邮箱是 muguiling@ptpress.com.cn。

移动互联网运营"1+X"证书制度系列教材编委会

目 录

第 **1** 章

社交网络内容运营

- 主要的社交网络内容运营平台的特点和入驻方法。
- 内容运营的整体流程，以及各个环节的重点。
- 内容平台运营的基本策略。

知识导图

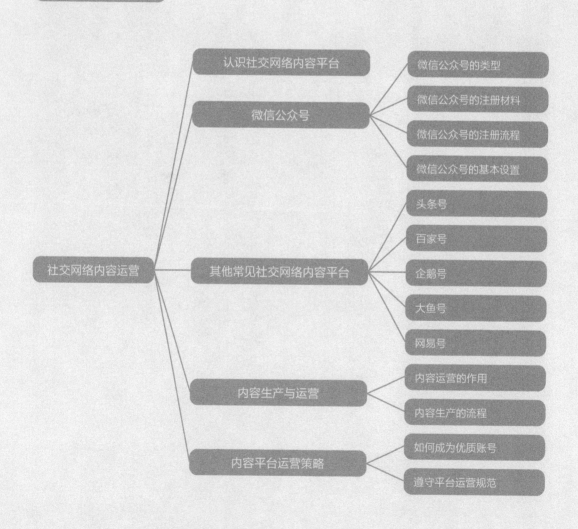

1.1　认识社交网络内容平台

引导案例

　　社交网络借助海量数据，以有别于传统媒体的信息传播方式渗透、影响着每一个人的生活、工作。有一些社交网络内容运营平台（如微信公众平台）可以通过内容发布及用户数据的收集和分析，进一步产生有价值的信息，如个人轨迹、个人社会关系、个人阅读喜好、个人消费偏好等。尽管这些信息来自虚拟世界，却是现实世界中人类活动的客观反映，通过这些信息，内容运营者可以进一步规划自己账号的内容布局，从而获得一定利益，实现一定价值。

　　让我们首先了解一下社交网络内容平台是什么。

　　互联网的全面发展让社交方式发生了翻天覆地的变化，社交网络在人们的生活、工作中起到了举足轻重的作用。同时，社交网络将现实社会中的社交活动转移到线上并汇聚在一起，由此构成一个个具有不同功能、针对不同群体的社交网络内容平台。

　　社交网络内容是指社交网络服务中呈现的内容，有文字、图片、视频、音频等多种形式。

　　社交网络内容平台是文字、图片、视频、音频等多种形式的社交网络内容的载体，能够将社交网络内容呈现在用户面前。现有形式的社交网络内容平台包括微信公众号、今日头条旗下的头条号、抖音等。

　　社交网络对社会和群体的影响力越来越大，其中很大一部分的影响是通过社交网络内容平台来实现的。不同的主体能够通过对这一平台的内容运营来达到一些目的。例如，企业构建专属的社交网络内容平台，使用户不断深入了解企业在各个产品（包括内容产品）中所创造的个性化的、能引起用户共鸣的信息（或者用户喜爱的信息），并分享到不同的社交网络中，引发各类反响，由此达成期望的结果。

　　接下来，我们将介绍几种典型的社交网络内容平台的注册流程、特点和运营方法。

1.2　微信公众号

引导案例

　　微信于2011年发布，2021年是其发布的十周年，微信创始人张小龙在2021年的"微信之夜"上分享了一组数据：每天，有10.9亿用户打开微信，有3.6亿用户阅读公众号文章。

可以看出，10 年时间，微信从一个只能发布消息的通信 App 成长为日活跃用户超过 10 亿的大平台，各行各业的人都可以在其中寻找机会。

微信公众平台的推出，让不懂技术、没有资源的内容型人才获得了一个展示才华的舞台。罗辑思维、黎贝卡的异想世界、馒头说等用户数量 100 万以上的微信公众号，最初的运营者都曾是媒体机构的从业人员。

目前，微信公众号已发展到 2000 多万个，其运营人员早已不再局限于媒体工作者。大到世界 500 强企业，小到街边的餐厅、旅馆，都可能会开通微信公众号进行内容运营，传播内容，扩大声量，打造品牌，获取收入。

随着智能手机快速普及，中国的手机网民已超过 10 亿，移动互联网成为主流。过去，每个企业可能都需要一个官网；现在，每个企业可能首先需要一个微信公众号。

那么，移动互联网运营人员如何利用微信公众号进行内容运营呢？

微信公众平台，简称"微信公众号"，是社交网络内容平台中最具影响力的平台之一，依托超过 10 亿（数据截至 2021 年 1 月）的微信用户量（包括个人用户和企业用户），形成了一个庞大的内容生态。政府、媒体、企业、个人都可以建立公众号，通过文字、图片、音频和视频等方式与网民进行全方位的沟通、互动，发出自己的"声音"。

1.2.1　微信公众号的类型

微信公众平台为用户提供了 4 种账号类型，分别是订阅号、服务号、小程序以及企业微信。这 4 种账号类型的定位和功能各不相同，其中适合内容运营的主要是订阅号和服务号，即通常所说的微信公众号。

1. 订阅号

订阅号的主要功能是在微信平台上向用户传达资讯，可以理解为微信中的"报纸杂志"。

订阅号分为两种类型：普通订阅号和认证订阅号。普通订阅号可以推送微信文章，每天群发一条消息，还可以在订阅号的底部添加自定义菜单，加强内容管理；认证订阅号拥有比普通订阅号更加强大的功能，例如，其自定义菜单可以直接设置为外部链接，还添加了卡券、客服等新的功能插件。

2. 服务号

服务号是为了向企业、组织提供更强大的业务服务和用户管理功能而开发的，主要提供服务类交互功能，是企业在微信上建立的"客服平台"。

与注重消息传达的订阅号不同，服务号注重为用户提供服务，如"招商银行"的服务号，只要关注该服务号并绑定银行卡，用户就能直接在微信服务号中查询余额、办理生活缴费等。

服务号分为两种类型：普通服务号和认证服务号。普通服务号一个月只能群发 4 条消息，但其群发的消息并不会像订阅号那样被折叠，而是会直接呈现在微信聊天界面中；认证服务号不仅具备普通服务号的所有功能，而且有更高级的接口，例如，可以在第三方平台上获取用户信息、提供网页授权、开通微信支付等。

两种订阅号和两种服务号的主要区别如图 1-1 所示。

功能权限	普通订阅号	认证订阅号	普通服务号	认证服务号
消息直接显示在好友对话列表中			√	√
消息显示在"订阅号"文件夹中	√	√		
每天可以群发1条消息	√	√		
每个月可以群发4条消息			√	√
基本的消息接收/运营接口	√	√	√	√
聊天界面底部的自定义菜单	√	√	√	√
高级接口		部分支持		√
微信支付，商户功能		部分支持		√

图 1-1

1.2.2　微信公众号的注册材料

微信公众号的注册流程并不复杂，但有很多细节值得注意，并需要提前准备。

申请微信公众号的主体类型有很多种，包括个人、企业、媒体、政府以及其他组织。不同申请主体需要准备的资料也有差异。其中，以个人身份申请公众号所需要的资料相对较少，而企业、媒体等主体在注册时，需要填写企业的基本情况等，提交的资料相对全面。

此外，注册资料和注册流程也会因为一些特殊原因而发生变更，因此，本书列举的资料和流程仅供参考，具体以微信官方公布的信息为准。

1. 个人注册的准备

在注册微信公众号时，申请人的个人信息是必不可少的。一般情况下，此类公众号申请成功后也是由专人来负责公众号运营的，选定申请人时需要考虑多个方面。

从申请主体来讲，个人开通微信公众号可以分为两种情况：第一种情况是公众号属于个人，一般运营者就是公众号的拥有者；第二种情况是公众号为媒体、政府或企业等所有，但申请人是个人。出现第二种情况有两种原因，一是一些媒体、政府、企业无法提供独立的法人资质、授权运营书或其他认证信息，二是公众号可能并不代表媒体、政府或企业整体，仅能代表其中的一部分，因此这些媒体、政府或企业一般会选定专门运营微信的负责人，这时的运营者信息既可以填写法定代表人的信息，也可以填写员工的信息。

个人开通公众号需要填写和提交的信息、资料包括申请者个人信息、手持证件照、手机号码、绑定本人银行卡的微信账号等，如图 1-2 所示。

图 1-2

（1）申请者个人信息。

申请者即公众号的运营者，个人在注册时，需要提供个人的身份信息，主要包括申请者姓名、身份证号码等；如除负责人外有其他人担任管理员，则还需要填写管理员的身份信息，如图 1-3 所示。需要注意：同一个身份证号码最多只能注册 1 个公众号；公众号不支持临时身份证及护照。

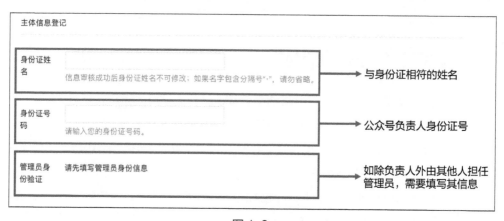

图 1-3

（2）手持证件照。

　　手持证件照是个人在申请公众号时必不可少的资料，我们可以按照相应的要求准备好所需提交的照片。需要注意的是，拍摄时，申请者要将身份证放在颌下正前方，同时要保证身份证上的文字和头像清晰可见，如图1-4所示。上传的照片格式可以选择JPG、JPEG、BMP、GIF，文件大小不超过5MB。

图 1-4

（3）手机号码。

　　在申请公众号的过程中，需要进行管理员信息登记，管理员手机号码主要用来接收验证码，如图1-5所示。需要注意的是，同一个手机号码只能注册5个公众号，如果申请者的手机号码已经注册了5个公众号，就不能再次注册了，必须换新的手机号。

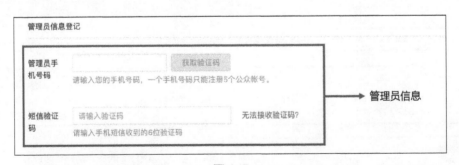

图 1-5

（4）绑定本人银行卡的微信账号。

　　填好个人身份信息之后，需要使用已经绑定本人银行卡的微信账号，扫描出现的二维码。这一步主要是为了确认申请人的身份信息是否与输入的信息一致。所以，想要注册公众号，应该事先用微信绑定本人的银行卡。

2. 企业注册的准备

与个人申请所需准备的资料相比，企业、媒体、政府及其他组织所需的资料要复杂许多，而且大多需要出示照片或扫描件，因此，应事先做好充足的准备。所需资料主要包括企业名称与营业执照注册号、营业执照扫描件、对公账户、微信运营授权承诺书等，如图 1-6 所示。

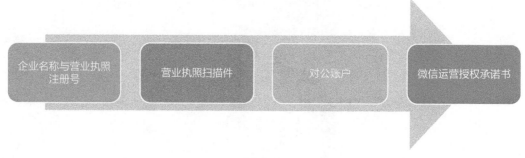

图 1-6

（1）企业名称与营业执照注册号。

企业名称必须与当地政府颁发的营业许可证或企业注册证上的企业名称完全一致，信息审核成功后，企业名称是不可以修改的。同时，企业营业执照注册号也应与相应证件上的一致，如图 1-7 所示。同样，媒体、政府及其他组织也可参照填写正确的组织名称与组织机构代码。

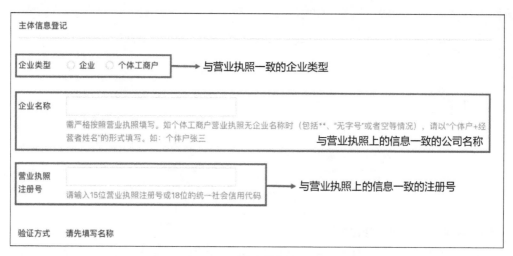

图 1-7

（2）营业执照扫描件。

在注册企业主体的公众号时，需要企业提供营业执照扫描件，如图1-8所示。上传的照片可以是手机拍摄的，但照片上的数据、文字必须要清晰，不能出现图片模糊的情况。照片格式应为JPG、JPEG、BMP、GIF，且照片大小不能超过5MB。

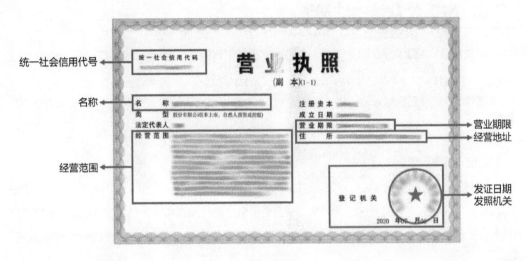

图1-8

同样，若申请主体是媒体或其他组织，必须上传相关组织机构代码证扫描件，上传文件的要求与企业营业执照扫描件相同。若是政府注册的公众号，则要求上传"授权运营书"，而且必须填好相关信息，并签字加盖公章。

（3）对公账户。

注册企业主体的公众号还需要提供企业的对公账户。

对公账户全称为对公结算账户，又称为单位银行结算账户，是指存款人以单位名称开立的银行结算账户。平日里单位的工资发放、特定用途资金专项管理、日常转账结算和现金收付等都是通过各种对公结算账户进行的。

填写对公账户时，要注意填写正确的企业对公账户号码，并选择相应的开户银行和开户地点。公众号注册成功之后，腾讯公司将会向这个对公账户转账1分钱，企业收到后要输入与金额一同发来的验证码。

若个体工商户无对公账户，可填写营业执照上法人的个人银行卡号；若企业无对公银行账号，可以填写营业执照上法人的对私银行卡号及姓名。需要注意的是，填写个人银行卡号时，该银行卡所有人的名字必须与营业执照上的法人名字保持一致。

同时，在注册过程中，不能选择"自动对公打款验证"，否则无法完成注册，需要选择"人工验证"的方式进行微信认证。

1.2.3 微信公众号的注册流程

在对公众号的类型有了大致的了解，并完成了相关材料的准备之后，就可以正式开始在平台注册了。

微信公众号的注册流程分为 4 步，依次是"基本信息""选择类型""信息登记"和"公众号信息"。

1. 基本信息

（1）进入注册页面。

1）打开微信公众平台的官方网站，如图 1-9 所示，在网页右侧白色的登录模块右上方，点击"立即注册"，即可打开公众号的注册界面。要登录公众号进行查看和管理时，在白色的登录框中输入账号、密码登录或使用管理员的微信扫描二维码即可。在非安全环境下，不建议使用"记住账号"选项。

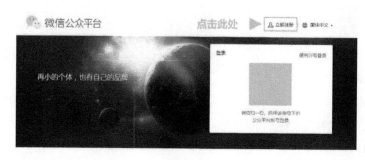

图 1-9

另外，在注册过程中，推荐使用 Chrome 浏览器或 QQ 浏览器，这两种浏览器系统稳定，不易受到各种干扰。

2）在公众号的注册页面，只要按照网页的提示和要求进行操作，就能够轻松完成整个注册过程。我们可以从页面顶部的导航看到注册的大致流程：绿色项目是我们正在进行的步骤，灰色项目是已完成或将要执行的步骤。值得注意的是，在没有完成当前步骤的情况下，无法进行下一步或者查看下一步的内容，如图 1-10 所示。

图 1-10

（2）激活邮箱。

1）在注册页面填写"未被微信公众平台注册、未被微信开放平台注册、未被个人微信号绑定的邮箱"，并点击"激活邮箱"。

2）点击后，为了确保邮箱真实有效且能接收邮件，微信公众平台系统会自动给所填写的邮箱发送一封邮件，正确、有效的邮箱一般会在 1 分钟内收到邮件。

3）点击页面中的"登录邮箱"字样，即可跳转到所填写邮箱的登录页面。登录邮箱后，找到微信公众平台发送的激活邮件，点击邮件中的激活链接，找到邮件中附带的 6 位数字验证码，按照要求填入微信公众平台注册页面中。

- 如果收到的链接无法点击，可以复制链接，然后粘贴到浏览器的网址栏中进行访问；如果没有接到激活邮件，在"邮件垃圾箱"中也找不到该邮件，且点击"重新发送"依然不能解决，则可以尝试将微信公众平台的官方邮箱地址添加到"白名单"，然后再次点击发送激活邮件。

- 打开"白名单"的操作步骤为：第一步，登录自己填写的邮箱；第二步，在页面中找到并点击"设置"；第三步，在弹出的菜单中找到"反垃圾"或"黑白名单"。

- 将微信公众平台的官方邮箱地址添加到"白名单"的步骤：第一步，点击"设置邮件地址白名单"（或意思相近的选项，下同）；第二步，输入邮箱地址；第三步，点击"添加"。

（3）设置和确认密码。

1）根据灰色字的描述，密码由字母、数字（必须包含这两种）或英文符号组成，且不得少于8位数，此外还需要注意字母的大小写，如"1234Abc$"。

由于登录密码使用频率相当高，建议选用好记的密码；但出于安全考虑，密码的构成切记不可过于单一，且注册系统不会通过构成过于单一的密码。

2）输入密码后需要再次确认密码，确保填写无误，避免下次无法登录。

3）在密码检测通过、完成确认后，红色提示字会自动消失。接下来需要仔细阅读《微信公众平台服务协议》，避免违规，并勾选"我同意并遵守《微信公众平台服务协议》"。勾选之后，原本灰色的"注册"按钮变成绿色，即可以点击"注册"按钮，如图1-11所示。

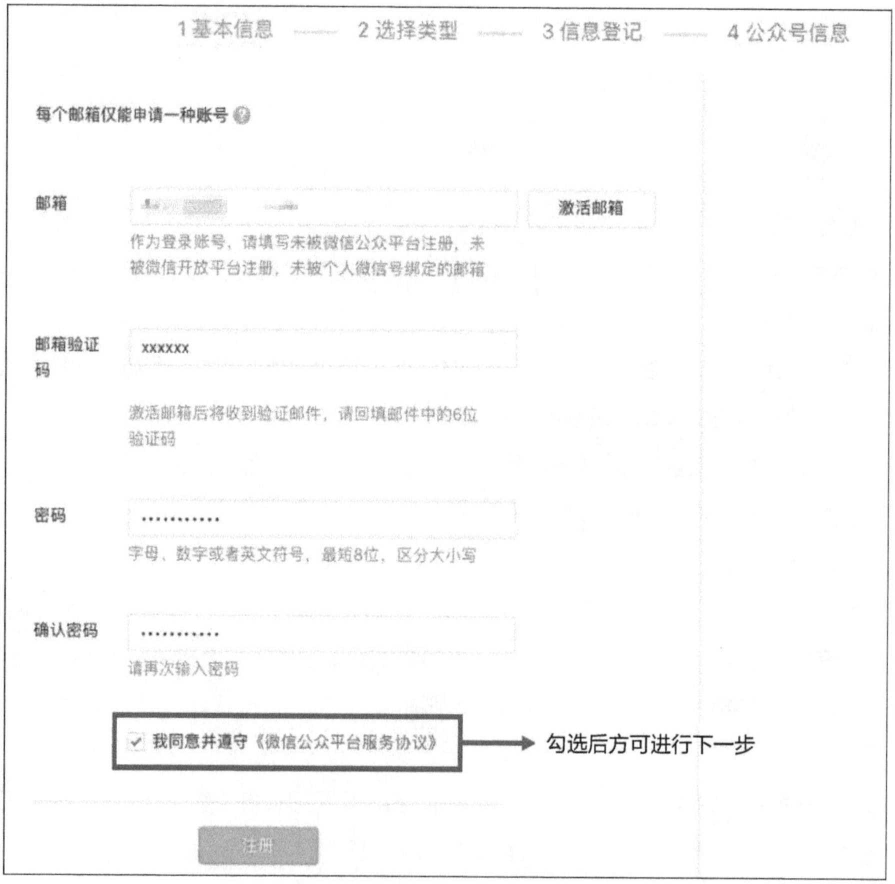

图 1-11

点击"注册"按钮后，若本页信息无误，可以跳转到下一步，否则错误栏目下将会出现红字提示，需重新填写。

2. 选择类型

（1）点击"注册"按钮之后，页面自动跳转到注册流程的第2步——"选择类型"的页面。因为账号类型一旦选定成功就不能更改，所以要在了解各类账号相关信息的基础上慎重选择。

如果不确定自己应该选择哪种账号类型，可以点击"了解详情"来查看更多信息。点击"了解详情"，页面会跳转到"公众平台服务号、订阅号、企业微信、小程序的相关说明"的页面，里面对几种主要账户类型的区别进行说明，同时也会有温馨提示，可以让申请者从自己希望实现的具体的公众号功能出发，选择需要的公众号类型。不仅如此，该页面还展示了各类账号的功能对比表格。

（2）以选择"服务号"为例，在选择好注册类型之后，点击"服务号"下方的"选择并继续"，如图1-12所示。

点击之后会弹出一个对话框，提醒注册用户选择了服务号之后不可以再进行更改，并询问注册用户是否继续操作，以免选择错误。若注册用户已经决定好账号类型，可点击"确定"，继续下面的操作。

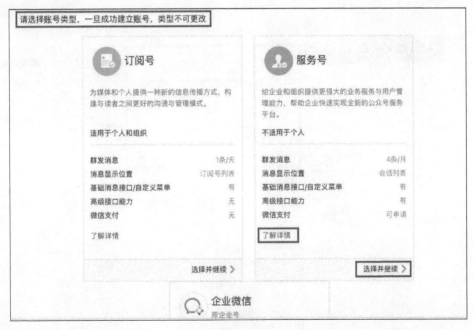

图1-12

3. 信息登记

完成"选择类型"的步骤之后，就进入"信息登记"阶段了。点击"确定"之后，会跳转到"信息登记"页面。在填写信息之前，首先要进行主体类型的选择。

微信公众平台要求新注册用户进行信息登记，并予以主体公示。公示的主体除原有的政府、媒体、企业、其他组织外，还包括个人。如果不知道应该选择哪一种主体类型，可以点击"如何选择主体类型"链接，查阅"公众平台注册如何选择账号主体类型"页面，参照腾讯客服给出的类型标准来进行选择。

总的来说，以个人身份注册公众号的只能选择订阅号中的"个人"，而企业、媒体等应参照组织机构代码证件上显示的机构类型来选择微信公众号注册的主体类型。确定好主体类型之后，注册用户便可返回"信息登记"页面，点击选择主体类型。

4. 公众号信息

填写好基本信息后，需要输入注册的公众号名称、功能介绍以及运营地区，如图 1-13 所示。在注册好公众号之后，公众号资料会在移动端的介绍界面显示出来，以便于用户检查注册信息是否规范。

图 1-13

（1）账号名称。

好的公众号运营要从一个好的名称开始。在为公众号命名时，要从以下几方面考虑。

第一，账号名称应尽量与未来的内容定位相符，让人看到账号名称就知道这个公众号运营的内容是什么。

第二，体现内容定位的关键词。例如，主营面膜业务，公众号名称可以带有"面膜"这个关键词；主营干果业务，公众号名称最好带上"干果"这个关键词。这样便于提高目标用户搜索到公众号的概率。

第三，尽量用通俗易懂的简化汉字，不要用过于个性化的微信名称，例如英文、拼音、生僻字以及一些天马行空的名称等。

（2）功能介绍。

功能介绍非常重要，用户往往是通过功能介绍形成对公众号的第一印象，所以功能介绍应该尽量简洁、重点突出，使人一下就能明白自己是否对这个公众号的内容感兴趣，进而决定是否关注该公众号。

同时，功能介绍不能带有敏感和违规的词语，例如微信、热线、兼职、相册等。

另外，可以搜索同类型的公众号，查看它们是如何介绍自己的功能的，可有针对性地学习、效仿。

（3）运营地区。

选择运营地区，直接点击"国家"，就会出现选择列表，在列表中找到相应的国家并点击即可。在选择好上一级地区之后，会出现下一级地区的选项，以同样的操作确定即可。

这些都填好之后，即可点击"完成"。如果之前填写的资料没有问题，在点击"完成"后，就会出现"注册成功"的提醒。但是要记得进行后续的确认工作，如果选择的是"自动对公打款"，要记得在 1～3 个工作日内查询对公账户收款 1 分钱的情况，并 10 天内登录公众号填写验证码，这样才算注册成功；如果选择的是"人工验证"，要记得在 30 个自然日内完成微信认证的操作，认证通过才算注册成功，账号才能正常使用。

1.2.4 微信公众号的基本设置

微信公众号注册完成之后，就可以开始使用了。运营者可以先完善以下几大功能，形成一个完备的账号后再对外推广。基本设置内容如图 1-14 所示。

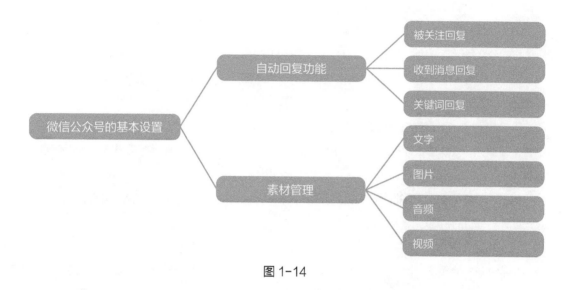

图 1-14

1. 自动回复功能

公众号开始运营，将信息推送出去后，经常会收到用户针对某条信息的咨询，此时需要回复用户，进行进一步的交流沟通，这就会用到自动回复功能。微信公众号提供了 3 种自动回复形式，分别为被关注回复、收到消息回复、关键词回复。

（1）被关注回复。

在后台管理界面左侧的管理列表中单击"自动回复"，选择"被关注回复"，就可以在跳出的编辑框中输入自动回复的消息内容。如果消息内容采用文字形式，最多可以设置 600 个字；也可以采用音频、图片、视频、链接地址等形式。

该消息会在用户关注公众号后自动弹出，用以与用户进行初步的交流。例如，该消息可以是欢迎语、进一步操作提示等。

被关注回复主要用于欢迎语的设置，在设置时可以采用以下方法。

- **打招呼**：以亲切的语气、新颖的方式向用户打招呼。
- **展示定位**：传达公众号的定位，让用户知道账号的基本信息、主营什么、擅长哪些方面。
- **展示内容**：向用户展示一部分内容，如一条信息、一篇文章，目的是引起关注者的兴趣。
- **引导**：直接引导用户查看历史消息、菜单栏或回复关键词等，告诉用户如何操作，步骤越简单越好。

（2）收到消息回复。

这个模块下的信息，只有在用户发出消息时才会自动弹出，否则不会被激活。

用户无论通过发什么类型的消息进入公众号的对话框，只要没有触发其他的回复规则，微信公众号就会回复在这一环节设置好的内容。

（3）关键词回复。

当用户输入某个关键词，触发自动回复时，就会收到公众号自动推送的回复内容。这一功能大大提升了账号与用户的互动效果。

在设置"关键词回复"时，需要注意字数限制，例如，对"规则名称"的字数、关键词字数、回复内容字数等，系统都有严格的要求。

2. 素材管理

公众号的素材有四大类——文字、图片、音频、视频，而在实际运用中，它们往往很少以单一形式出现，纯文字或者纯图片的效果都不太好。最佳的方式是将多个表达形式进行组合，如"图片＋文字""文字＋语音＋图片"，或以其他形式组合。

点击进入"素材管理"，可以看到素材分类，包括图文消息、图片、音频、视频。图片、音频、视频只要按提示上传文件即可，操作起来相对简单；图文消息的编辑发布则相对复杂。

点击"图文素材"中的"新的创作"，如图 1-15 所示，可进入消息的编辑界面，这也是消息发布后的效果；下边是消息内容编辑框，包括标题、封面、摘要、正文等的编辑。由于推送到用户的消息界面中只显示标题、封面和摘要，所以，这 3 个部分是编辑重点。

图 1-15

此外，消息编辑还涉及作者、图片、正文长度等，这些因素都潜移默化地影响着用户的阅读体验。一篇点击量高、受用户欢迎的微信文章必定是多个因素的完美结合。另外，单条图文的编辑要求同样适用于多条图文的编辑。

1.3 其他常见社交网络内容平台

引导案例

微信公众号让一大批创作者找到了内容传播的渠道，也让微信的用户可以浏览很多的内容。因此，用户使用微信的时间越来越长。

对于一款移动互联网产品来说，用户使用时长是一个重要指标，其数值越大，产品的价值就可能越大。因此，很多的移动互联网产品都会想方设法延长用户的使用时长。由此，微信公众号的出现引领了互联网各种"号"诞生的一股风潮。

从 2013 年开始，今日头条推出了"头条号"，百度推出了"百家号"，腾讯推出了"企鹅号"，UC 浏览器推出了"大鱼号"，网易新闻推出了"网易号"，搜狐推出了"搜狐号"，凤凰新闻推出了"大风号"，连爱奇艺都推出了"爱奇艺号"等。

在各平台刚推出各种"号"的时候，很多的运营人员直接把微信公众号发布的内容，复制到这些"号"上发布，因此也有"一处水源供全球"的说法。

随着各平台的发展越来越深入，如何让这些"号"的运营人员在自己的平台发布独家内容，成了这些"号"关注的重点。这些"号"纷纷推出各种福利政策和内容激励政策，鼓励内容创作者为"号"量身定制内容。因此，在这些平台进行运营，也不再是复制粘贴内容这么简单了。

那么，移动互联网运营人员应该如何在各种"号"中进行内容运营呢？

上一节中，我们重点介绍了社交网络内容平台中微信公众号的情况。在这一节，我们将把重点放在其他几大内容平台上。与微信公众号相同，本节介绍的几大内容平台也是内容运营人员用于发布内容的主要平台，包括头条号、百家号、企鹅号、大鱼号以及网易号。

各平台账号开通、内容发布与管理等的规则与方法会因为一些特殊原因而发生变化，因此，本书所讲的材料和流程仅供参考，具体以各平台官方公布的最新信息为准。

1.3.1 头条号

今日头条创办于2012年，是字节跳动旗下的产品，是一款用于社交网络传播的内容产品。和传统新闻客户端编辑推荐的方式不同，今日头条凭借算法推荐快速崛起，成为国内主流的内容产品之一。为了更好地丰富平台的内容生态，今日头条推出了内容创作与分发平台——头条号，可以帮助企业、个人以及组织等扩大自身影响力，提高曝光度和关注度。头条号的开通、创作与运营依托于今日头条平台。

申请并开通头条号后，创作者可发布文章、视频、图片等多种体裁的内容，并且根据体裁和发布形式的不同，还可以划分出问答、微头条、小视频、专栏、原创连载等内容类型。

2019年5月，今日头条的官方头条号发布了《关于头条小店开放申请的公告》，头条号创作者可申请开通头条小店，通过内容变现增加收入。

头条小店开通后，店铺可以与作者在字节跳动旗下多个产品的个人主页关联，例如今日头条、抖音等，店内商品也可通过图文、视频、微头条等多种方式宣传。

得益于巨大的用户量和影响力，头条号已成为社交网络内容运营的重要平台之一。

在头条号上开展内容运营，主要需要注意以下几大要点。

1. 入驻方法

想快速入驻头条号成为创作者，有电脑端注册和移动端（即App）注册两种方式可供选择。

（1）电脑端入驻方法。

登录电脑端头条号主页，点击"注册"。

选择注册方式："手机号注册"或"邮箱注册"。

选择账号类型（个人或机构），填写并提交申请资料。

关联创作能力证明（选填）。

注册机构账号时，要在电脑端进行实名认证；注册个人账号时，要在移动端完成身份校验。

（2）移动端的入驻方法。

在今日头条客户端搜索"头条号"，如图1-16所示，进入头条号官网注册页面。

在注册页面点击"注册"，头条用户账号申请成功后，再点击"申请个人头条号"，之后上传头像、输入名称，完成个人头条号的申请，如图1-17（a）、图1-17（b）、图1-17（c）所示。

提交资料后，点击"开始实名认证"，如图1-18所示。

在"作者认证"页面提交身份证正反面的照片，进行人脸识别，完成实名认证。

点击此处进入头条
号申请页面

图 1-16

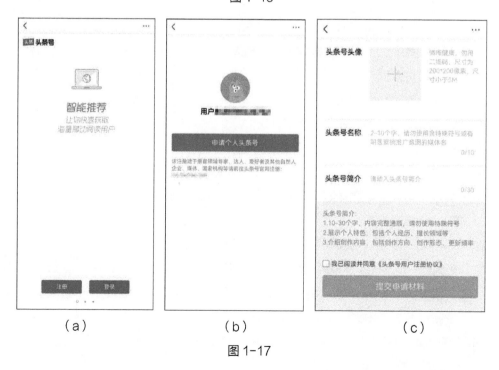

（a）　　　　　　　（b）　　　　　　　（c）

图 1-17

需要注意的是，移动端仅支持注册个人头条号，企业、媒体、政府机关等需要通过电脑端进行注册。

图 1-18

头条号创作者平台提供了部分功能权限，如提现、身份认证、兴趣认证等，但必须先在"我的"页面点击"实名认证"，完成"身份校验"后才能生效，如图 1-19 所示。

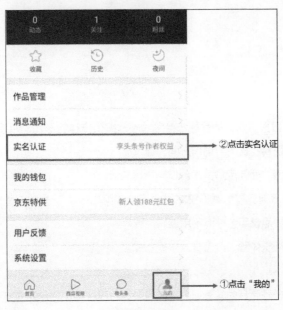

图 1-19

2. 平台特点

（1）创作内容。

头条号的后台主要由主页、创作、管理、数据、提现、成长指南以及工具等部分组成，关于内容创作的功能主要集中在"创作中心"这一模块。

登录"头条号"后台后，在"创作中心"一栏中进行选择，如图 1-20 所示。

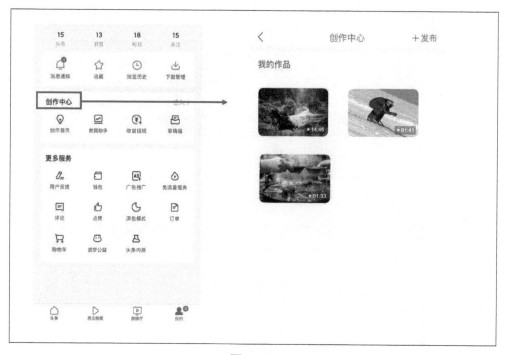

图 1-20

前文已经提到，今日头条采取的是算法推荐而不是编辑推荐的形式，如果想获得更多的推荐量，可以采纳"头条创作者百科"在内容创作方面的建议。

第一，注重内容价值，面向用户需求创作高质量内容。

第二，把握关键词原则。在标题、正文里要高频使用实体词（比如名词），避免使用非常规词，在使用人名、地名时也要尽量用全称而不用缩写或绰号。

第三，优化文章的视觉体验，改善文章展现形式。

（2）内容管理。

运营人员可以在头条号后台内容管理的相关模块，对已经完成创作的内容进行管理，并查看相关的数据。

数据对运营是非常重要的，对内容运营者来说，数据分析系统能够帮助运营人员实现更精准的提升。在头条号后台支持查看的数据中，对运营人员比较重要的有收益类数据、作品类数据以及粉丝类数据。

1）收益类数据。

收益类数据包括昨日收益、本月收益以及可提现金额。用户可以对收益进行设置，选择运营的账号是否投放广告，一般参与广告投放的账号可以获得更好的收益。此外，还可以查看整体收益的趋势，分析各个阶段收益的情况，如图 1-21 所示。

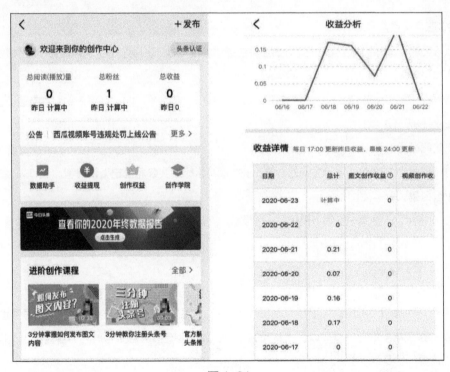

图 1-21

2）作品类数据。

作品类数据包括展现量、阅读量、评论量、点赞量等数据。用户既可以分析整体的作品数据，又可以分析单篇的数据，还可以将这些数据导出为 Excel 文档，以便于查看和使用。除了文章数据，头条号还可以进行视频数据、微头条数据、问答数据以及小视频数据的分析。

3）粉丝类数据。

粉丝类数据包括新增用户、累计用户、新增订阅、累计订阅等关键数据及它们的详情图表，以及性别比例、年龄分布、地域分布、终端分布、兴趣探索等数据分析。

第一步是收集数据、整理数据。第二步是对数据进行分析，首先要对比数据，其次要分析变化趋势，再次要发现特殊数据点，最后结合运营情况进行整体分析。

例如，某平台的新用户数突然在一个周期内持续增长，并且增幅较大。这可能是因为这个平台在这一周期内推出了具有吸引力的活动，也可能有其他原因。运营者需要根据这些数据，了解该时间段内平台推送的内容是什么、具备什么特点等，深入挖掘新用户数增长的原因，为以后的可持续运营奠定基础。

（3）账号设置。

"账号设置"版块中，运营人员需要重点关注的功能主要有"账号详情""功能设置"和"黑名单"。

1）账号详情。

在账号详情界面可以查看头条号的名称、介绍、头像、二维码、ID、联系人、联系电话、领域及账号所在地等信息。

2）功能设置。

功能设置界面主要包括展示方面的设置，例如图片水印、头条号自定义菜单等。

3）黑名单。

黑名单是运营人员集中管理不良用户的区域。

1.3.2　百家号

百家号是百度旗下的自媒体平台，入驻百家号后，在百家号上发布的文章，可以通过百度 App 以及百度的搜索结果进行分发。以百度新闻的流量资源作为支撑，百家号成为内容运营人员推广文章、增加流量的主要渠道之一。

1.　入驻方法

利用百度账号登录百家号的官方网站，根据百家号的申请步骤，登录注册、选择类型、填写资料即可，如图 1-22 和图 1-23 所示。账号审核一般在 15 分钟内完成，最长审核时间不超过 3 个工作日。审核完成后，用户会收到一条由百家号发送的审核状态提示短信，登录百家号官网即可查看审核结果。

图 1-22

图 1-23

每个百度账号一般有 5 次申请入驻百家号的机会，5 次申请均未能按要求填写或提交资料者，有可能会被永久拒绝。

入驻百家号需注意以下两点。

- **个人类型账号**。一张身份证仅可注册 1 个账号，注册后该身份证将不能再申请百家号。
- **机构类型账号**。一个机构最多可注册 2 个账号，注册 2 个账号后，主体将不能再申请百家号。

2. 平台特点

百家号为内容运营人员提供了很多辅助工具，其中，"创作大脑"就具备了许多创作功能。

（1）关键词指数。

搜索查看关键词的热度趋势、需求图谱、相关文章及评论。

（2）热点中心。

快速了解热点事件、飙升事件。

（3）热点日历。

提前了解未来热点、构思热门选题。

（4）错别字纠正。

识别并定位文本中的错别字，给出纠正意见。

（5）多种图片处理功能。

- **以文推图**：可以分析文本内容，推荐与内容相关的优质免费正版图片。
- **近似图搜索**：可以计算图片特征，搜索相似的免费正版图片。
- **版权图片识别**：可以与海量正版图库匹配，判断版权状态。

1.3.3　企鹅号

企鹅号是腾讯公司旗下的另外一个一站式内容创作运营平台，又称为腾讯内容开放平台。

在企鹅号上创作的内容，主要分发在腾讯看点、腾讯新闻、腾讯微视、腾讯视频、腾讯体育、QQ 空间、微信看一看等平台。这几大平台的用户量非常可观，其中腾讯新闻是新闻类客户端排名靠前的内容产品。

作为国内最大的互联网内容平台企业之一，腾讯对企鹅号的定位是"连接器"和"内容平台"。内容运营人员可以通过企鹅号让优质内容获得更多流量和收入。

1. 入驻方法

入驻企鹅号，可以通过电脑端或移动端进行，两者均支持 QQ 和微信账号注册，但每个 QQ 号或微信账号都只能注册一个企鹅号。

登录腾讯内容开放平台进行入驻操作，完成后即可入驻。

2. 平台特点

通过企鹅号，可以实现一站式管理多平台内容分发，掌握一篇内容在不同平台的具体数据情况。

值得注意的是，企鹅号的很多分发渠道都有较强的新闻属性，所以在资质审核方面更加严格，例如，资质审核期间，用户仅可查看平台的各项功能；资质审核期间，或如果资质审核未通过，用户不可发文。

知识拓展

企鹅号的审核规范

企鹅号主要审核的内容包括：用户提交的主体资料是否真实、清晰、有效；提交资料与主体信息是否一致；媒体名称、媒体头像、媒体介绍是否符合规范等。

（1）对个人。

审核内容：申请人的身份证信息、手持身份证照片。

审核标准：申请人头像和身份证信息（姓名、地址、身份证号等）清晰。身份证件为申请人本人的身份证件，且姓名、号码与主体资料中的姓名、号码完全一致（身份证号中的字母必须大写）。

（2）对媒体。

审核内容：组织机构名称、组织机构代码扫描件（或加盖公章的复印件）、运营者身份信息。

审核标准：组织机构的名称、代码与主体资料中的组织机构名称、代码完全一致（代码中的字母大小写必须完全一致）。运营者头像和身份证信息（姓名、地址、身份证号等）清晰，身份证件为运营者本人的身份证件。

（3）对企业。

审核内容：企业营业执照扫描件（或加盖公章的复印件）、运营者身份信息。

审核标准：营业执照上的名称、注册号（或统一社会信用代码）与主体资料中的名称、号码完全一致（注册号或代码中的字母大小写必须完全一致）。运营者头像和身份证信息（姓名、地址、身份证号等）清晰，身份证件为运营者本人的身份证件。

（4）对组织。

审核内容：组织机构名称、组织机构代码扫描件（或加盖公章的复印件）、运营者身份信息。

审核标准：组织机构的名称、代码与主体资料中的组织机构名称、代码完全一致（代码中的字母大小写必须完全一致）。运营者头像和身份证信息（姓名、地址、身份证号等）清晰，身份证件为运营者本人的身份证件。

（5）对政府。

审核内容：带有政府公章的申请函、运营者身份信息。

审核标准：申请函有政府部门的相关信息并加盖公章。运营者头像和身份证信息（姓名、地址、身份证号等）清晰，身份证件为运营者本人的身份证件。

1.3.4　大鱼号

大鱼号是阿里巴巴集团旗下阿里大文娱的内容创作平台，为内容生产者提供"一点接入、多点分发、多重收益"的整合服务。

创作者入驻"大鱼号"后，可以发布图文、短视频、小视频、图片集等多种类型的内容，这些内容可以分发至优酷、UC 头条等多个内容平台。

大鱼号是由原 UC 订阅号、优酷的自频道账号升级而来的。

1. 入驻方法

新用户可登录大鱼号官网进行注册，如图 1-24 所示；优酷土豆的用户注册，则可以直接点击登录框底部的"优酷土豆账号在这里登录"。在大鱼号官网注册账号时，只能选择用手机号注册，并且该手机号是后续登录大鱼号的唯一凭证。

图 1-24

2. 平台特点

因为大鱼号是阿里巴巴旗下的内容平台，所以大鱼号的创作者除了可以持续发布自己擅长的内容外，还可以借助大鱼号平台参与很多电商活动，为品牌做推广，以此增加收入。

> **知识拓展**

> **大鱼任务**
>
> 　　大鱼任务是大鱼号平台赋能作者实现商业变现的重要产品之一，拥有大鱼任务权益的创作者可在平台找到形式多样的商业合作需求，包括品牌广告主、大鱼官方、商家等发布的有偿撰稿任务；同时，创作者可在文章内插入商品卡片，商品成交即可获得成交佣金。

1.3.5　网易号

网易号是网易新闻旗下的一个内容平台。

2011年3月正式上线的网易新闻客户端是一款移动资讯类产品，内容涵盖新闻、财经、科技、娱乐、体育等多个资讯类别。网易号是以"各有态度"为主张的内容开放平台，为用户提供丰富、海量的优质内容和视频服务，为内容生产者提供从内容分发、用户连接到品牌传播、商业化变现的一揽子解决方案。

1. 入驻方法

可以通过网易邮箱注册网易号，密码与邮箱密码一致，如图1-25所示。如果没有网易邮箱，可在网易邮箱账号注册页面先用其他邮箱注册网易通行证。

图1-25

值得注意的是，一个身份证可以注册 1 个网易号；一个企业营业执照可以注册 2 个网易号。注册成功后，每个账号有 3 次申请上线的机会，无论是否申请成功，都不能使用已经用来申请的资料再次申请其他网易号。

2. 平台特点

由于在网易号上发布的内容主要通过网易新闻平台进行分发，和微信公众号等平台不同，网易新闻上的内容自带新闻属性，因此，网易号对入驻者的身份和资质审核的把控比较严格。网易号偏好具有相应资质的机构或者是具有更强专业能力的个人入驻。

知识拓展

网易号的专业资质规定

网易号对专业知识要求较高或涉及敏感话题的领域，对其账号也有具体的专业资质规定，下面以健康、财经、军事领域的账号资质规定为例进行介绍。

（1）申请"健康"领域的网易号，需要提供以下资质。

1）个人类。

- 需提供执业医师证、护士资格证、执业药师资格证、健康管理师资格证、康复治疗师资格证、康复保健师资格证、公共营养师资格证、心理咨询师资格证、记者证、采编许可证等相关资质证明。
- 健康类资质认证姓名需与运营者姓名一致，同时提供工作证或工卡等可展示工作单位信息的工作证明。

2）组织机构类。需提供公立医院医疗机构执业许可证等。

3）公司企业类。

- 公司营业执照中的经营范围应覆盖医疗保健、药品、健康咨询、医药信息等。
- 暂不支持民营医疗机构入驻。
- 暂不支持医疗美容类账号入驻。

（2）申请"财经"领域的网易号，可参照《网易运营指导手册》的相关规定，提供特定的资格证明。

（3）申请"军事"领域的网易号，需要提供军队等相关部门授权函。

1.4 内容生产与运营

引导案例

"饭统戴老板"是一个从 2018 年才开始运营的财经类微信自媒体,其最初在微信公众号上发布的文章,是由"饭统戴老板"的创始人代文超自己一篇一篇撰写的。随着他的文章影响力越来越大,这个微信公众号的关注量也越来越大,代文超除了要撰写和发布文章外,还要处理各种各样的商务合作。

"饭统戴老板"几乎每篇文章的字数都超过 5000 字,文章的内容以财经类话题为主,注重准确性。因此,如何才能让新加入的同事稳定可靠地输出内容,成了这个公众号进行规模化发展时遇到的难题。

建立内容生产流程,降低文章写作难度,用相对标准化的方式要求写作者完成内容写作,这是"饭统戴老板"的解决方案。这种标准会细化到每一个段落的字数,间隔多少个段落就需要加入趣闻,段落和段落之间要如何承上启下等。

生产内容可能会被误解为一个"高智商"的、需要"灵感"才能进行的工作。但是通过恰当的方法对生产流程进行标准化,经过一段时间的训练,普通的运营人员也可以做好内容生产。

那么,移动互联网运营人员需要掌握哪些标准化的生产流程,才能持续生产优质内容呢?

1.4.1 内容运营的作用

在社交网络内容运营中,内容运营指的是内容运营人员利用内容平台等渠道,通过文字、图片或视频等形式将信息"友好"地呈现在用户面前,激发用户参与、分享、传播这些信息的完整过程。

因此,内容运营中的"内容"有两层含义,如图 1-26 所示。

图 1-26

第一，内容的形式。用户通过手机或计算机上网，通过看图文、看视频、听音频等形式获得信息，因此，运营人员可以创作文章、海报、视频或音频等内容。

第二，内容的渠道。用户一般通过公众号、今日头条、腾讯新闻或百度搜索等渠道浏览内容，因此，运营人员也需要根据用户的浏览习惯，将需要发布的内容在平台上进行布局。

要做好内容运营工作，需要进行系统性的规划。前面两节对内容的平台和渠道进行了详细的介绍，本节将重点介绍内容运营的作用以及如何系统地生产内容。

内容运营作为移动互联网运营的基本职能之一，持续的内容运营无论对企业、产品还是品牌都具有重要作用，其作用主要表现为提升知名度、提升营销质量、提升用户参与感，如图 1-27 所示。

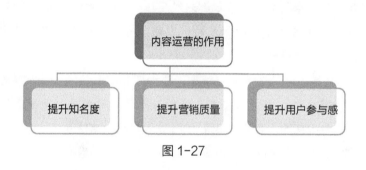

图 1-27

1. 提升知名度

企业和产品自身并不会说话，要通过内容运营来传达自身的特征、优势等。用户在选择企业和使用产品之前，需要通过企业的内容运营平台，如微信公众号、网站等，对企业和产品进行一定程度的了解。因此，在相关内容运营平台发布精准、优质的内容，以及在多平台进行内容推广等方式，能够增加被用户"捕捉"的机会，提升企业和产品的知名度。

2. 提升营销质量

企业在移动互联网平台上开展内容运营的最终目的是转化，即让用户为产品付费，提高销量。就像一场扣人心弦的球赛一样，传球、盘带的过程再精彩，最终也需要看是否能转化为进球，并以此评判比赛的胜负。同理，长期扎实的日常内容运营工作和转化的铺垫工作很重要，但最终还是要看内容的转化率或是活动的参与度。

3. 提升用户参与感

用户参与感来自与平台的持续互动。因此，设计具有话题性、创新性的内容，引导用户参与交流，及时给予用户反馈，都是提升用户参与感的有效手段。

1.4.2 内容生产的流程

内容生产的流程主要包括选题规划、内容策划、形式创意、素材整理、内容创作与编辑、内容优化与测试和内容传播几个环节，内容生产的完整流程如图 1-28 所示。

图 1-28

1. 选题规划

内容运营的第一个环节是选题规划。很多关注度很高的"10 万 + 文章""百万级曝光"等内容，并非突然"爆火"，其成功是在长期有规划、有质量的内容运营之后逐步积累起来的。如果日常运营连续性较差，用户参与度较低，内容运营平台的知名度不高，那么即便内容运营人员写出一篇质量较高或点击量较高的文章，其后续转化效果也往往不尽如人意。因此，内容运营人员必须经过科学的选题规划，策划出每一阶段的主要内容的选题。

（1）账号定位。

选题规划首先需要考虑的一个因素是账号的定位，选题要结合账号定位进行规划。例如，同样都是科技类的账号，公众号"爱范儿"和"36 氪"的选题风格就完全不同。面对同一个科技类事件，爱范儿主要会从产品的角度进行选题规划，从产品设计、产品参数等各方面呈现内容；而 36 氪主要从企业经营的角度进行选题规划，包括企业的融资新闻、企业经营的方法论等。因此，在进行选题规划时，首先需要明确自身账号的定位是什么，然后再依据定位规划选题。

（2）热点事件。

进行选题规划还有两种常用的方法——追随突发性热点和关注常规性热点。

1）追随突发性热点。

难以预测是突发性热点的主要特征，只能通过长期的训练，提高运营人员自身的反应速度。捕捉、观察突发性热点的常用渠道包括微博热搜和知乎热榜等。

2）关注常规性热点。

常规性热点通常具有周期性、重复性的特点，在相应的时间段内发表相关的内容，能够吸引受众的关注。例如，每年的春节就是一个常规性热点，春节前可以关注回家的话题；春节中关注家庭以及亲友的话题，或新的科技变迁给老家带来的变化等；春节后关注返程等话题。

常规性热点可以通过热点日历这一工具进行管理。《移动互联网运营（初级）》一书中关于活动运营的部分对这个工具进行了介绍，其 1.1 节、1.2 节中也提到了平台提供的很多相关辅助工具。

2. 内容策划

选题规划做的是阶段性的内容设计，而内容策划做的是更具体的内容创作。在写一篇文章或策划一条短视频内容之前，内容运营人员需要探讨内容细节，完成整体的内容策划。

（1）对具体内容的相关背景进行分析和理解。

相关背景一般包括内容发布的目的、渠道，内容面向的用户群以及内容生产周期。

1）内容发布的目的：如新品发布、故事宣传、新品解析等。

2）内容发布的渠道：不同渠道的用户群和用户特点不一样，决定了内容的风格也会有所不同，因此需要提前了解内容发布渠道，让内容风格适应对应的渠道和发布的账号。

3）内容面向的用户群：不同的用户群关注的内容要点不一样，学生、职场人士、新手妈妈等不同群体喜欢的内容也不一样。

4）内容生产周期：了解内容生产的时间节点，可以更好地明确内容运营人员能够调动的资源。

（2）针对选题进行深入的内容挖掘。

深入挖掘选题一般可以从 4 个方面着手：深入挖掘事件当中的关键人物和关键事物，以深挖出的内容为主要选题；追溯事件发生的原因，以重点解析事件原因为主要选题；整合类似的事件，作对比、盘点和分析等；设想事件带来的后果和影响，对事件进行推演。

3. 形式创意

通过前面两个步骤，我们明确了要呈现的内容，接下来要思考内容的表现形式。

目前的社交网络内容平台已经能够满足多种形式的内容发布，包括图文、短文、GIF 动图、长视频、短视频、H5、音频、问答等。随着移动互联网的不断发展，各种新的内容表现形式还在不断涌现，需要运营人员持续不断地关注。

从用户的角度看，新鲜的、有创意的内容形式总是更具吸引力，一个账号的内容形式单一，往往会造成用户活跃度下降或用户流失。

因此，每次策划内容的时候，运营人员都需要思考这些问题：

- 可以写成一篇长图文吗？
- 可以拍成一个视频日志吗？
- 可以做成一张长图吗？
- 可以采用问答的形式吗？
- 可以做成一个新闻节目吗？
- 可以做成一个综艺节目吗？

思考内容形式需要运营人员打开"脑洞"，不断地探索和创新，从而持续吸引用户的关注。

4. 素材整理

确定内容形式后，内容运营人员需要进行素材搜集与整理。对内容运营人员来说，搜集素材的工作非常重要，如果能够获得独家的素材，有时可能会比形式上的创意更能吸引用户的关注。

如果一个运营人员是为企业进行自媒体账号运营，那么在素材整理的时候，可以分别寻找企业的内部素材和行业素材，如图 1-29 所示。内部素材包括产品图、产品理念、活动流程、过往照片、过往数据等；行业素材包括行业数据、行业新闻、网民舆论、近期热点等。

图 1-29

同时，内容运营人员需要养成记录的习惯，持续填充自己的素材库。一个资深的内容运营人员往往会借助多种工具帮助自己积累素材，例如印象笔记、有道云笔记等。

5. 内容创作与编辑

完成了前面几个步骤，就可以正式开始进行内容的创作了。如果跳过前面 4 个步骤，直接进行内容创作，内容运营人员常会出现没有思路的情况；相反，如果以上步骤都完整执行，这一步会相对轻松。

内容创作本身是一个专业的工作，内容运营人员需要持续地练习和提高。在社交网络内容平台的运营工作中，除了完成创作之外，掌握基本的编辑技能也非常重要。

这里重点介绍在社交网络内容平台上如何完善编辑工作，让一篇优质内容获得更高的关注度。编辑工作的优化主要从标题、摘要、图片和排版等方面展开。

（1）标题。

好的标题往往要遵循以下 4 个原则。

- **价值感**：在标题里就向用户证明了为什么要花时间看这篇文章。
- **实用性**：能让用户了解到从这篇文章中能得到什么。
- **独特性**：体现这篇文章的特点在哪里，为什么这篇文章尤其值得读。
- **紧迫感**：告诉用户为什么用户必须现在阅读这篇文章，现在不读会有什么损失。

基于这 4 个原则，有以下 4 种标题类型可以借鉴。

1）"如何体"。

"如何体"十分符合实用性原则，例如《运营人员必看：小白如何用一个月的时间写出"爆款"文》。

2）合集型。

"N 种方法""N 个建议""N 个诀窍"等合集型文章具有较强的归纳性，能够帮助用户快速、高效地获取文章传达的信息。同时，数字的堆积可以给用户带来冲击感，放在标题中能吸引用户点击，放在正文中能增加用户获取信息的成就感。另外，一篇结构较好的合集型文章能让读者读起来更轻松，文章被拆分之后，看二级标题就能快速获取知识点。例如，《【盘点】重磅推荐，"双十一"营销最常见的 10 个"套路"，教你避坑》。

3）带有负面词汇的标题。

"N 个你忽略的细节""N 条你走过的弯路"，这些带有负面词汇的标题容易增强用户的代入感，使其不禁想点开文章一探究竟，以便通过一些错误的案例来获得启示。例如，《如果你的简历石沉大海，看看这 8 个秘诀》。

4）福利帖。

通过标题直接向用户表明读这篇文章有福利。这类标题有两种主要形式，一种是直接打上福利的标签，还有一种是隐喻，如使用"重要提醒""免费读物"或"如何""在哪"等词。例如，《【招聘福利】运营职位专场：拿到移动互联网运营证书就能正式上岗的职位》。

（2）摘要。

在社交网络内容平台发布文章，通常需要撰写一段摘要。很多人对其关注不够，甚至完全不撰写摘要。但是摘要是除了标题之外最重要的一段文字，在文章被转发出去之后，或者是在平台推荐文章的过程中，它能够起到吸引用户打开文章的关键作用。因此，内容运营人员需要用心对待摘要的撰写。

摘要的具体撰写需要经过长期训练，这里主要强调一下摘要的字数。很多初级内容运营人员花了很多时间和精力撰写摘要，但因字数过多，文章转发出去之后摘要显示不全，用户无法完整看到摘要内容，这等同于浪费了运营人员的努力。

因此，发文之前需要多次测试，查看摘要是否能够显示完整。

（3）图片。

在社交网络内容平台发布文章，通常需要给文章配图，完全没有图片的文章缺乏趣味性，只有少数的用户喜欢阅读，大多数用户则不能接受。

配图主要需要考虑以下3点。

- **注重图片的质量和数量。** 图片质量主要从图文的相关性以及图片的清晰度两方面来衡量，配图要与正文内容具有较高的相关性，并且图片要相对清晰。建议图文消息中的图片数量与文章篇幅大致呈正比，如出现大段无配图的文字，读者容易产生阅读疲劳。

- **以横版图片为主。** 竖版图片占据的空间较大，不利于用户阅读，所以在移动端主要使用横版图片。如果只有竖版图片，可以先进行处理再上传使用。

- **注重封面图的设计。** 封面图很大程度上决定了用户的第一印象，要注意与标题以及摘要形成搭配。除了图片质量之外，还要注意封面图在移动端的显示问题，不同的内容平台对图片显示比例的要求不一样，因此需要做相应的处理。

（4）正文排版。

常规的文章排版，建议设置1.5倍行间距、15号字、灰色和黑色文字。如果每段文字都很长，建议段落间空一行，而不要采用首行缩进两字符的排版方式。这是因为手机屏幕太小，公众号文章默认的行间距也很小，用户阅读起来容易疲劳。

对于微信公众号，专业的内容运营人员通常还需要熟悉第三方编辑器的排版方式，目前比较常用的第三方编辑器包括 135 编辑器、秀米编辑器以及新榜编辑器等。

头条号、百家号等内容平台，主要使用平台自身的编辑器，这些平台已经提供了很多内容编辑样式，因此用户在编辑内容的时候，借助平台本身的编辑器功能即可实现大部分需要的效果。

6. 内容优化与测试

内容排版工作的下一个环节并不是发布，而是要进行测试，然后进行反馈。如果转化率低或反馈不好，还需要进行内容优化与调整。

对于在微信公众号编辑的文章，可以将文章预览直接转到内部工作群，听取大家的意见并进行修改。部分专业的内容账号甚至成立了专门的用户群，将热心用户集中在一起，在文章正式发布之前，先发到用户群进行审核，依据群内用户提出的意见进行修改。

头条号和百家号等平台自身提供了许多检测和辅助工具，可以利用这些工具进行文章的优化，例如，标题改进、错别字查找和格式修改等。

7. 内容传播

内容运营并非完成文章推送就万事大吉了，还需要继续推广、传播当期内容，以期获得更好的效果。

如果某一账号的关注用户数量较少，那么，能够通过推送看到账号内容的用户数量也较少，传播效果有限。运营此类账号的人员需要在内容和传播模式上下功夫，引导关注用户对推送内容进行转发，以获取更广的传播。

在微信公众号发布的文章，可以推广到特定的用户群或者行业群内，也可以和其他账号达成合作，将自身优质的文章放在其他平台上转载，而这一点需要运营人员长期拓展、积累起丰富的合作资源。

在头条号和百家号等平台，文章发布之后主要是通过系统算法推荐的，因此发布文章的时间非常重要。可以及时关注推广的情况，快速回复文章发布初期用户的评论，提高转化率和第二次推广的概率。

1.5 内容平台运营策略

引导案例

2015 年 10 月，某微信公众号的注册、关注量超过 100 万，它是各类自媒体公众号中的代表性账号，策划了多个风靡一时的传播事件。很多从事微信公众号运营的人都会把这些事件作为讨论和研究的对象。

可以说，这个微信公众号是一个运营得很成功的公众号。但是，在这个公众号开通之前，其实很多用户关注的是该公众号运营者另外的一个公众号，曾因为存在不合规之处而被平台永久关闭，原本聚集起来的用户也相当于被解散了。

因此，在各种平台上进行内容运营，除了要做好内容外，还需要重视运营的策略，要知道平台倡导的是什么，禁止的是什么；不同平台的政策和规则有什么不同；同一个平台的政策和规则在不同时期有什么变化。

那么，移动互联网运营人员要如何制订合适的运营策略，才能让账号发展得越来越好呢？

1.5.1　如何成为优质账号

在顺利完成了平台的入驻、内容的创作之后，内容平台的运营工作正式拉开帷幕。

内容平台的运营不是单纯地发布文章或视频，还需要持续地发布内容、维护用户，从而不断提高内容账号的权重，使其成为所在平台乃至网络上有影响力的账号。

要实现这个目的，就需要明确内容运营的策略，并长期坚持。无论内容账号的定位如何，在大的运营策略上都可以从两个方面入手：平台倡导的事情要多做，平台禁止的事情坚决不做。

对社交网络内容平台来说，平台要维护自身的利益，就需要多多扶持对平台有益的、为平台提供优质内容的账号，降低对平台有损害的账号的权重，甚至封禁这些账号。因此，在开展运营的过程中，需要明确平台对各种行为的容忍程度。

在各个平台上，一个账号的优与劣都体现在 6 个方面：原创度、内容质量、垂直度、活跃度、关注度、知名度，如图 1-30 所示。内容运营人员要从这 6 个维度运营好自己的账号，才能获得平台的认可，从而增加账号的权重。

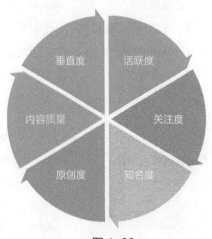

图 1-30

1. 原创度

原创度指在账号发布的内容（包括文字、图片、视频等）中，有多大比例是原创而非转载或抄袭的。自媒体账号的原创比例越高，在各个平台上得到的评级和推荐权重就越高。

2. 内容质量

在内容平台上，内容质量的高低主要通过内容的数据来体现。

（1）点击量和点击率。

点击量指一篇文章被用户点开了多少次。

点击率＝点击量／展示数，展示数指有多少个用户看到了这篇文章的推送。

（2）阅读时长。

阅读时长一般指用户阅读该文章的时间或在该文章页面停留的时间，不同平台计算阅读时长的方法略有不同。

（3）转发量和转发率。

转发量指一篇文章被用户转发到社交媒体（如微信）上的次数。

转发率＝转发量／展示数。

（4）评论数和评论率。

评论数指一篇文章有多少用户评论。

评论率＝评论数／点击量。

（5）收藏数和收藏率。

收藏数指一篇文章被多少用户收藏。

收藏率＝收藏数／展示数。

3. 垂直度

垂直度指账号定位的明确程度，即账号发布的内容能否专注于某个领域或某一人群。只有定位明确，才能获得更精准的"账号画像"，并在以算法推荐为主的内容平台中获得更精准的推荐，在采取关注模式的微信公众号中形成明确的用户定位，从而使用户在产生类似需求时能第一时间想到这个账号。

4. 活跃度

活跃度指账号发布内容的数量、频次。在文章质量相同的情况下，发文数量越多、频次越高，就越容易被平台推荐。另外，一个平台也可以根据账号的活跃度来分析账号的运营状况，解决用户只入驻、不发文的问题。

5. 关注度

关注度指某个账号的订阅数量和质量。订阅数量一般指关注该账号的用户数量，订阅质量一般指账号与关注用户之间关系密切的程度，即关注用户对账号的忠诚、信任与良性体验等结合起来形成的对账号的依赖程度和期望程度。

6. 知名度

知名度指账号运营人员或者公司的名望和资历。一般可以根据账号的知名度将账号分为普通号、达人号、名人号。

（1）普通号。

普通号的作者缺少知名度和影响力，俗称"素人"。

（2）达人号。

达人号的作者在某个垂直领域内有较大的影响力，如具有一定数量粉丝的美妆达人、美食达人等。达人号会得到较高的评级和一定的推荐加权。

（3）名人号。

名人号的作者广为人知。名人号会得到较高的评级及推荐加权。

账号的注册和发文属于内容生产范畴。当大量内容充斥互联网时，平台对内容的要求也从"海量"变成了"丰富、优质"。只有丰富的内容，才能满足通过算法大量推荐、分发的需求；只有优质的内容，才能避免被阅读者抛弃。内容生产出来后要经历审核过程，这时平台方就应承担主要的责任，必须保证发出的内容是安全的。同时，因为通过算法大量推荐、分发的模式要求对内容进行画像，所以运营人员上传内容时，添加标签的准确、细致程度非常重要。

在前面介绍的社交网络内容平台中，虽然不是每个平台都推出一个数据评估模型来告诉运营人员哪些方面需要提高，但是持续在上述 6 个方面做出改进，就可以在平台内容运营中表现得更好，哪怕是在没有数据评估模型的微信公众号，也可以获得更多用户的认可。

知识拓展

平台评价指数

很多平台为了方便创作者了解自己所运营账号的表现和创作内容的投放效果，获得更多的推荐和权益，推出了平台评价指数。各社交网络内容平台的评价指数都有相似之处，主要分为以下 5 个方面。

（1）内容质量。

创作者所创作内容的质量越高、发布数量越多，读者的阅读意愿越强，阅读完的内容比率越高，得分就越高。发布广告推广、色情低俗、暴力血腥、谣言等违规内容，或有抄袭等违反平台规范的行为，都会导致分数降低。要提高内容质量，需要注意以下几点。

- 提高文章可读性（标题、正文内容清楚，配图美观合理）；标题不存在错字、病句、不完整、不通顺以及标点错误的情况；文章内容（包括图片）不可出现推广信息（如有天猫国际、店铺名、QQ、电话等）；避免图片变形或多张图片过于相似。
- 避免出现"标题党"、营销推广及垃圾违规内容。
- 提升用户点击意愿，并引导用户读完内容。

优化文章内容，使文章内容可以引起读者兴趣，使读者读完全部的内容。

（2）原创能力。

创作者发布的原创内容越多，数量占比越高，其在原创能力维度的得分就越高。要提高原创能力，需要注意以下几点。

- 保证内容为原创，避免抄袭、搬运、洗稿等。
- 手动发表文章，尽量不使用工具的同步提交内容功能或链接抓取功能。
- 申请原创资质。

（3）活跃表现。

发布内容的频次越高、连续性越强，在活跃表现维度的得分越高。所以，在有能力的情况下，最好保持每日更新。

（4）领域专注。

发布内容的分类越统一，在领域专注维度的得分越高。一般而言，所发内容与所属领域越匹配，内容质量越高，则账号专业度越高。

（5）用户喜爱。

读者的点击、停留、转发、评论、收藏、关注等都是在为账号的用户喜爱程度加分。要提升用户的喜爱程度，需要注意以下两点。

- 通过发布读者喜欢的内容来增加关注、评论、转发。
- 积极与读者互动。

1.5.2 遵守平台运营规范

任何一个内容平台，都会制定相应的平台运营规范，明确告知运营人员哪些行为是不能有的。一个专业的内容运营人员需要掌握平台运营规范，并在日常内容运营中严格规避不合规的行为。

值得一提的是，不同平台的运营规范并不完全相同，其中的差异需要有针对性地进行解读。

同时，运营人员平常主观认为没有问题的很多行为，其实都是被平台严格禁止的。

例如，开展公益活动本来是值得提倡的事情，但是公益募款需要采用合法的途径，不能利用公众号的赞赏功能进行劝募，否则将直接面临平台的处罚，不仅劝募得到的资金会被退回，赞赏功能会被取消，更严重的还会面临一定时间的封禁。

另外，各平台的运营规范也会时常更新，过去符合规范的行为在运营规范变更之后可能会被列入违规项，运营人员应该及时按要求进行调整。例如，在公众号自定义菜单栏中内置购买链接或保留价格标签等，都是有违平台运营规范的行为，会面临平台的处罚。

因此，在具体的运营过程中，需要对平台运营规范进行详细研究和理解，才能确保具体的工作不出现问题，进而持续地提升运营工作的质量，避免因为一时失误而惨遭封号，使所有的努力付诸东流。

本章同步测试题 👉

一、单选题

1. 注册各社交网络内容平台账号时，都不需要准备的材料是【　　】。

   A. 运营者身份证号　　　　　　　　B. 运营主体信息

   C. 运营者户口详情　　　　　　　　D. 手机号

2. 关于内容运营策略，正确的是【　　】。

   A. 偶尔可以做平台禁止的事情，打造个性账号

   B. 不要一直做平台倡导的事情，避免账号同质化

   C. 一切内容运营以用户的喜好为基准

   D. 以上都不正确

3. 以下哪种方法可以提高账号的内容质量?【　　】

   A. 标题尽可能标新立异，吸引用户点击

   B. 多摘抄别的优质账号点击率高的内容

  C. 提高文章可读性，并引导用户读完内容

  D. 文章中多添加推广信息，以便与用户互动

4. 在社交网络内容平台发布文章，通常需要给文章配图，完全没有图片的文章缺乏趣味性，配图时重点需要考虑【 】。

  A. 图片的质量和数量   B. 图片的颜色搭配

  C. 图片的拍摄时间   D. 图片的横竖比例

5. 一篇文章想要吸引用户阅读，除了使标题吸引人外，还要关注以下哪项，才能使文章被转发出去或平台推荐后，吸引用户点开文章？【 】

  A. 内容排版   B. 文章配图

  C. 文章摘要   D. 发布平台

二、多选题

1. 社交网络内容平台的内容呈现有哪些形式？【 】

  A. 文字   B. 图片

  C. 音频   D. 视频

  E. 直播

2. 内容运营的作用主要包括【 】。

  A. 提升知名度   B. 提升产品销量

  C. 提升营销品质   D. 提升用户参与感

  E. 提升用户回复速度

3. 公众号作为人们了解信息的一个渠道，其内容呈现形式丰富多样。目前微信公众号有哪些内容形式？【 】

  A. 直播内容   B. 文字内容

  C. 视频内容   D. 语音内容

  E. 图片内容

4. 内容生产的流程包括【 】。

  A. 选题规划   B. 内容策划

  C. 素材整理   D. 内容创作与编辑

  E. 与用户互动

5. 内容策划时需要对具体内容的相关背景进行分析和理解，并且要针对选题进行深度的内容挖掘。深入挖掘可以从哪些方面着手？【　　　】

A. 深入挖掘事件当中的关键人物和关键事物，以深挖出的内容为主要选题

B. 深入挖掘用户的个人信息、社会关系和喜好，有针对性地选择容易引起用户关注的内容

C. 追溯事件发生的原因，以重点解析事件原因为主要选题

D. 整合类似的事件，做对比、盘点和分析等

E. 设想事件带来的后果和影响，对事件进行推演

三、判断题

1. 当一家企业要申请企业微信公众号时，公众号运营者信息只能填写企业法人的信息。【　　　】

2. 在微信公众号中，无论是普通订阅号还是认证订阅号，都无法直接出现在用户的微信聊天中，而会被折叠在订阅号消息中。【　　　】

3. 今日头条的头条号与百度的百家号一样，都是内容创作分发的平台，虽然两者的算法不同，但都可以在一定程度上提高企业以及个人的关注度。【　　　】

4. 内容运营作为移动互联网运营的基本职能之一，无论对企业、产品还是品牌，都具有重要的作用，所以移动互联网公司都设有内容运营的岗位。【　　　】

5. 当前内容创业的平台很多，每个平台都有自己独特的算法与推荐机制，但一个账号优秀与否，一般要从原创度、垂直度、活跃度、关注度、知名度、内容质量等几个方面进行评估。【　　　】

四、案例分析

打开微信，点击【添加朋友】—【公众号】，搜索【北京吃货小分队】，并结合本章所学，通过优质账号评估模型来分析此公众号是否优质。

第 **2** 章

短视频内容运营

- 短视频行业概况
- 主要的短视频内容平台
- 短视频内容制作的基本流程
- 短视频运营的常用方法
- 短视频创作者服务平台的使用方法

知识导图

2.1 短视频行业及内容平台

引导案例

老张是一位"70 后"家装企业老板。从创业时起，老张的生意一直很平稳，公司规模不大，拓展业务采用的是传统的电话销售。

从 2019 年开始，老张的一些同行朋友在没有增加电话销售人员的情况下，业务量"蹭蹭"往上涨，而老张的生意却依旧波澜不惊，甚至还有一些颓势。

这让老张有点着急。经过一番调研，他得知，原来同行们都在借助短视频内容平台进行推广，把家装的一些工作成果拍成短视频，吸引了很多用户的关注，这些用户就开始关注公司，进而下单。

老张有点儿坐不住了，也想投身短视频推广，借助短视频的宣传做好自己的生意。

如果要你给老张支招儿，作为移动互联网运营人员，你会给出什么样的建议，帮助老张快速上手呢？

2.1.1 短视频概述

短视频，一般指长度在 4 分钟以内的视频，它是使用相机或智能手机进行拍摄，使用电脑或移动设备剪辑和制作，可以在社交网络平台上进行实时分享的一种新型视频形式。

短视频具有播放时间短、信息承载量高的特点，更符合当下网民的手机使用习惯。随着智能手机的普及，移动端互联网用户规模不断地扩大，科技发展、社会变化使人们浏览内容的时间逐渐碎片化，这些因素成为短视频"崛起"的基石。同时，短视频用户流量也创造了巨大的商机，很多的大型互联网公司竞相注资开发短视频内容平台。

2016 年是短视频快速发展的一年，当时流行的短视频 App 以秒拍、美拍等为主。同年，今日头条正式对外宣布将会重点发展短视频业务，并在随后一年多的时间内成功孵化出"抖音短视频"等产品；而此前一直以图片工具和社区为主的快手也转型成为短视频 App。

2016 年，短视频用户数量首次突破 1 亿，并且增长速度极快。《中国视频社会化趋势报告(2020)》显示，2020 年，我国短视频用户数量已经突破 8 亿大关。

到 2020 年，主要的短视频平台与 2016 年相比发生了巨大的变化。抖音、快手、微信视频号、好看视频等成为目前短视频行业内的几大主流内容平台。

2.1.2　短视频的特点

相比文字和图片，短视频更加直接，也能更全面地满足用户的表达和沟通需求；相比长视频，短视频更容易广泛传播，用户可以直接分享视频或者链接给其他用户。与传统视频相比，短视频主要有以下 4 个特点，如图 2-1 所示。

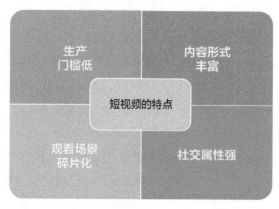

图 2-1

1. 生产门槛低

长视频内容多、时间长，拍摄视频和剪辑视频都需要花费很长时间，对制作人员和拍摄质量也有严格的要求，成本较高，所以产出的数量不多，风险也大。

短视频与长视频相比，由于内容较少，视频时长比较短（一般在 4 分钟以内），同时一些短视频软件自带音乐、特效、滤镜以及一键自动剪辑功能，因此制作起来比较容易，甚至一部手机就可以直接制作短视频，还可以实时上传、分享视频。这就是短视频可以满足大量用户需求的原因。短视频的用户多，短视频的类型很丰富，虽然作品质量参差不齐，但也出现了一大批高质量的短视频作品。长、短视频拍摄情况对比如表 2-1 所示。

表 2-1

长、短视频拍摄情况对比			
视频类型	拍摄时长	拍摄条件	对比产出
长视频	拍摄时间较长，多以月为单位	要求严苛	成本高，产出数量不大，风险高
短视频	拍摄时间较短，多以天为单位	拍摄条件灵活	成本低，产出数量庞大，风险低

2. 内容形式丰富

长视频的内容大多是按照规律的排序，以电影、电视剧等分组，展现在用户面前的。用户大多是从他们在平台上看到的视频类型中选择自己喜欢的视频，内容的分发效率较低，用户观看的内容形式也受到了限制。而短视频内容平台采取算法分发的方式，根据用户的喜好推荐视频，用户也可以实时分享自己喜欢的视频给好友，从而提高了信息的传播效率，使用户能够接触更加丰富多样的内容。

3. 观看场景碎片化

短视频 15 秒至 4 分钟的时长适合人们快速、高效的生活节奏，满足了大多数用户的碎片化需求，也使得观看短视频的场景变得十分丰富。无论是在乘坐公交、地铁时，还是在工作的间隙，用户都可以通过手机看到丰富多彩的视频内容。

短视频的出现改变了用户观看视频的思维方式，其中基于算法推荐的分发技术能够让用户快速、精准地获取自己感兴趣的内容。这便导致用户对视频的观看速度和娱乐性产生了更高的需求，大脑的刺激阈值也变得越来越高。这对视频创作者提出了更高的要求，需要他们在内容创作上直奔主题，把最精彩的内容快速呈现出来。

由于用户没有耐心等待，短视频内容一般会直奔主题，直接把最精彩的内容呈现出来；用户的这种心理需求，也催化出当下很多视频平台的倍速观看功能，这在一定程度上加剧了短视频行业的快餐化和碎片化。

4. 社交属性强

短视频不同于长视频，它是一种新的信息传递方式，也是新形态的社交工具。用户通过短视频 App 拍摄自己的美好生活并分享到短视频内容平台上，其他用户可以通过短视频 App 的点赞、评论、私信、分享等功能与视频博主形成良好的互动。可见，短视频为拓展用户的社交范围提供了有利条件。

2.1.3　短视频的类型

当前短视频的内容非常丰富，可以满足不同用户的不同需求，如生活需求、学习需求和娱乐需求等。根据常见的视频内容，短视频主要可以分为才艺展示、风景民俗、街头访谈、搞笑、美妆、技能、正能量等类型。

1. 才艺展示类

才艺展示类的短视频包括唱歌视频、跳舞视频、健身视频等。这类短视频在抖音和快手创办初期十分常见，是主流的视频类型之一，经常占据热播榜单。同时，视频内容平台创办初期，为了提高平台的热度，也给予了这些内容大量的流量扶持。

2. 风景民俗类

风景民俗类的短视频大多涉及自然风景、人文生活、传统习俗等，风格类似于纪录片，特点是画面优美、文艺。例如，在壮丽的风景视频中搭配合适的背景音乐（Background music，BGM），往往能给人一种震撼的心理感受，引发用户的点赞、转发。尽管用户背景不同，但是都怀有对美好的风景和传统等的向往。

3. 街头访谈类

街头访谈类短视频的形式一般是在街头采访用户。这类视频一般会以一个话题开头，让路人就提出的问题进行回答，不同的路人面对同一个问题会有不同的反应和回答，有的回答可以引起用户的共鸣。由于话题性强，这类短视频的流量往往比较可观。

4. 搞笑类

搞笑类的视频一般有情景剧和脱口秀两种形式，情景剧视频的内容贴近生活，容易引起共鸣，脱口秀短视频主要以"吐槽"某个观点切入，很多创作者会选择这类视频作为内容的创作方向。在短视频内容平台，搞笑类的视频占比比较大。这类视频可以满足很多用户娱乐消遣的需求，同时让用户放松，帮用户缓解压力、舒缓心情。

5. 美妆类

美妆类视频的主要内容是分享美妆技巧、服饰搭配技巧及推荐美妆产品，这类视频会吸引众多追求时尚潮流、向往美丽的女性用户。用户希望通过这类视频学习到一些实用的技巧，从而改变自己的形象。此外，推荐好用的美妆产品也是时尚美妆行业营销中的重要推广方式之一。

6. 技能类

短视频平台的技能类短视频可以进行进一步的细分，如讲解类短视频、动作演示类短视频等。讲解类短视频制作起来相对容易，创作者只需要面对镜头进行讲解，主要是向用户分享知识，视频后期制作时可以添加字幕，方便用户理解吸收。动作演示类短视频通常会选取某一个问题或者动作作为切入点，这类视频剪辑风格清晰，讲清楚一个技能一般只需要 1 ~ 2 分钟。

7. 正能量类

正能量类短视频形式多样，大多不是在讲述或展示某一项具体的技能，而是通过脱口秀、情景短剧、生活中的抓拍等引发用户共鸣。与前几类短视频不同的是，不管什么时候，正能量类短视频都会受到人们的欢迎，并且能够传递积极的价值观，所以，短视频内容平台也会用流量扶持的方式来鼓励创作者发布能体现正能量的内容。

2.1.4　短视频内容平台

根据平台的特征，可以将短视频内容平台分为 3 个大类，如图 2-2 所示：一是内嵌短视频的综合平台，例如微信、微博、百度和今日头条等，它们主要是社交平台或资讯平台，自身用户体量巨大；二是独立短视频平台，例如抖音、快手、美拍、西瓜视频等，这些平台内容丰富多样，并且都侧重算法推荐；三是内嵌短视频的传统视频平台，例如爱奇艺、腾讯视频和优酷这三大传统视频平台，它们拥有大量的视频用户，成立的时间也比较长。此外，"哔哩哔哩"这一视频平台，虽然主要视频形式以中长视频为主，但和传统的"优爱腾"不同，哔哩哔哩依靠用户生产的形式形成了独特的视频内容生态，同时也具备了许多与短视频内容平台相似的属性。

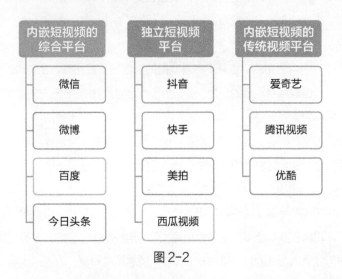

图 2-2

下面将根据短视频内容平台本身的用户量和影响力，重点介绍几家主流的短视频内容平台。

1. 抖音

抖音于 2016 年 9 月 20 日上线，最初的定位是一个"专注新声代的音乐短视频社区"，用户可以通过该平台选择歌曲，拍摄音乐短视频，制作自己的作品。

由于抖音是科技企业——字节跳动旗下的产品，在内容分发上采取算法推荐的模式，因此内容和用户需求的匹配度较高。年轻人在这里获得了共鸣，抖音很快便成为年轻人的聚集地。从成立到日活跃用户量突破 1 亿，抖音只花了短短一年多的时间；《2020 抖音数据报告》显示，2020 年 8 月，抖音的日活跃用户量超过了 6 亿。抖音发展已成为全球最大的短视频内容平台之一。

抖音最初的全称是"抖音短视频"，其定位是"专注新声代的音乐短视频社区"；而到了 2019 年，随着抖音用户群体的快速扩大，它不再是专属于年轻人的产品，而是一个全民性的短视频内容平台，其定位也修改为"记录美好生活"。

成立不到 5 年的时间里，抖音的发展速度极快，这与它独特的产品定位密不可分。

（1）用户特征。

抖音的主要用户可以分为以下 3 类。

第一类是专业生产内容的用户。这些用户通常由各类 MCN[①] 机构组织和培养，有专业的运营团队，在内容制作和发布上会有严格的规划。一般来说，许多能在抖音上收获大量粉丝关注的抖音账号都属于这一类用户。

第二类是业余生产内容的用户。这些用户喜欢借助抖音发布短视频，在工作之余拍摄各种内容。抖音是这类用户的一个自我内容输出的平台。但因为没有经过严格的训练，这些用户在内容制作和发布上都比较业余，影响力要弱一些。

第三类是纯粹的内容消费者。这类用户喜欢"刷"抖音，但是不会制作内容，或者不会持续拍摄短视频，只是利用抖音短视频打发时间，通过抖音进行日常消遣娱乐。

（2）产品特征。

抖音为实现用户流畅的使用体验进行了诸多设计。首页的推荐是系统根据用户的喜好或好友名单自动推荐的内容；同城内容推荐让用户可以看到周边同城用户创作的短视频；关注页则汇聚了用户关注的抖音号，用户可以看到关注的抖音号发布的作品；消息页有粉丝、收到的点赞、提到自己的人及收到的评论；个人页，即用户的主页，可以看到粉丝量和作品栏。

---

① MCN，全称 Multi-Channel Network，是基于内容行业，专注于内容生产和运营并设置有不同业务形态、变现模式的组织机构。

（3）产品类别。

用户可以使用抖音拍摄并发布作品、直播和浏览其他作品。

1）拍摄并发布作品。

用户在首页点击拍摄入口，可直接跳转到拍摄界面，分别进行短视频和长视频两种作品的拍摄。需要注意的是，短视频是抖音平台的主推内容，因此，抖音在拍摄和制作等功能上会更倾向于短视频。

拍摄界面中，"选择音乐"功能置于页面顶部，拍摄、上传视频的功能置于页面底部，如图2-3所示。拍摄制作完成的视频即可由个人账号进行发布。

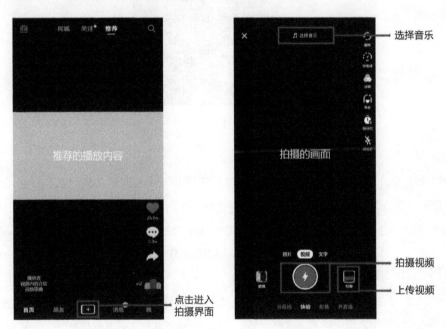

图2-3

2）直播。

抖音是目前主流的直播平台之一，从关注度高的账号到关注度为零的账号，都可以使用抖音的直播功能来与观众进行互动，如图2-4所示。在不进行主动搜索的情况下，用户只会看到自己关注账号的直播以及通过算法推荐的经常观看的类型的直播。

3）浏览其他作品。

并不是每一位使用抖音的用户都侧重发布视频和直播，还有很多以浏览为主的用户。抖音平台为喜欢浏览视频内容的用户提供了热搜、热门话题等推荐内容，用户可以通过这些推荐内容找到自己感兴趣的话题，并且也可以响应这些话题，制作和发布自己的视频。

点击进入
直播界面

图 2-4

2. 快手

2011 年 3 月，"GIF 快手"诞生，这是一款制作和分享 GIF 图片的工具型应用程序。2012 年 11 月，GIF 快手转型，主要运营内容从图片变为视频，鼓励用户记录和分享生活。此时，GIF 快手已经初具短视频内容平台形态。2014 年 11 月，GIF 快手更名为"快手"，并拥有了更多的功能。截至 2020 年上半年，快手日活跃用户数突破 3 亿。

（1）产品特征。

快手 App 的主页设有"关注""发现""精选"3 个频道，如图 2-5 所示，除此之外，用户可以通过菜单进入其他的界面。快手 App 还设有功能选项设置。

快手完全采用算法推荐，通过分析用户的关注和喜好等方面的数据为用户推荐视频。

（2）用户特征。

快手成立的初衷并不是为明星等关注度较高的人物提供展示平台，而是为大众提供平台，让愿意制作和发布视频的人都能获得自我展示的机会。这一定位让快手在初期拥有了大量来自三线以下的城市及农村的用户。由于有着这样的初衷和定位，这一短视频内容平台非常重视给予

图 2-5

用户平等的待遇，即愿意主动分享生活的用户，无论发布什么题材都会获得平台等量的流量，平台不会主动引导流量向某些特定主题倾斜，也不会设置图标来进行用户分类。

3. 微信视频号

微信视频号，简称视频号，是微信在 2020 年初推出的视频平台，这也是继公众号、小程序后推出的又一款微信生态产品。

在微信视频号问世之前，用户使用微信时只能在朋友圈浏览和分享短视频，朋友圈的视频仅好友可见。微信视频号则是一个"广场型"的产品，在视频号上发布的内容可以像微博一样扩散，而不仅仅局限在自己的朋友圈内，这样一个全新的机制放开了传播限制，形成了新的流量传播渠道。

在短视频领域，相比抖音、快手，微信视频号出现得比较晚，但依托微信的广大用户群体，从 2020 年 1 月内测至 2020 年 6 月底，视频号的日活跃用户数就突破了 2 亿。巨大的用户增长凸显出视频号的后发之势，使其成为短视频市场的巨大变量。

微信视频号的入口在微信"发现"页面"朋友圈"的下方，如图 2-6 所示。视频号可以发布视频动态，上传的视频文件应在 1GB 以内，最好是 MP4 格式，视频页面尺寸最大为 1230 像素 ×1080 像素，最小为 608 像素 ×1080 像素。同时，视频号也可以发布动态图片，最多上传 9 张图片，单张大小不超过 20MB，支持常见的图片格式。

图 2-6

需要注意的是，截至本书写作完成时，微信视频号仍不支持用户自定义封面，而是直接截取视频的第一帧画面作为封面。因此，在创作短视频时，要注意平台是否支持自定义封面功能。如果不支持，则第一帧画面的设计至关重要。

4. 西瓜视频

西瓜视频是字节跳动旗下的 PUGC 视频平台（Professional User Generated Content，即专业团队生产内容加用户自发生产内容的平台），通过个性化推荐给用户提供视频内容服务，用户通过评论视频内容或付费打赏的方式与视频创作者进行交互。截至 2021 年 8 月，每月有超过 320 万创作人、1.8 亿用户活跃在西瓜视频。

在短视频领域，西瓜视频的定位是横版短视频。横屏短视频之所以仍然存在，一方面是因为横版的表达方式对题材内容的表现效果比竖版更丰富；另一方面是因为有大量的视频专业制作团队，从拍摄工具到镜头表现已经形成了一整套成熟的制作流程。

西瓜视频的主要内容分为以下 3 类。

（1）用户自发发布的剪辑视频。

西瓜视频用户自发发布的剪辑视频，一般包括音乐、财经、游戏、生活、科技等多种类型，形式和种类都非常丰富。

（2）自制或者采购的影视和综艺节目。

西瓜视频采购了大批影视作品的版权，较好地满足了用户的需求。例如，由导演徐峥拍摄的电影《囧妈》在西瓜视频播放：2020 年春节期间，线下影院因为疫情不能开放，原定春节档上映的电影《囧妈》最后被字节跳动花费 6 亿元采购，投放在以西瓜视频为主的渠道进行播放，吸引了很多用户观看。

（3）第三方影视和综艺节目宣发。

大量影视和综艺节目制作方会和西瓜视频联手推出一系列的宣发活动，西瓜视频作为这些制作方的宣传平台，播放相应的预告片段。

2.2 短视频内容制作

引导案例

近年来，短视频行业发展迅猛，许多个人和企业都希望通过运营一个成功的短视频账号获得广告收入。

小张的领导让小张运营公司的官方抖音账号。小张按照平台规则申请了账号，并组织同事拍了 3 ～ 4 个视频上传，结果观看和点赞数据都差强人意。

为了解决这一问题，小张查阅了很多的资料。他发现，随着当下短视频内容平台日趋成熟，之前随便发个视频就能火的时代已经过去了，依赖流量变现的门槛将会越来越高。一个成功的短视频账号，对视频的创意、内容、运营策略等都有一定的要求，并且需要长期的维护。

如果要你给小张支招儿，作为移动互联网运营人员，你会给出什么样的建议，帮助小张做出合适的内容呢？

在对短视频行业及主要的短视频内容平台有了一定的了解之后，就需要掌握视频内容的制作过程，更好地配合运营策略。

2.2.1　短视频账号的定位

移动互联网时代是信息传播过度的时代，产品丰富、选择多样，这就导致短视频账号获取相应用户的成本大大增加。特别是每一个新的短视频内容平台的崛起，总是伴随着一大批新账号的崛起。对于用户来说，可以选择观看的内容已经多到数不胜数。

因此，要做好短视频的内容运营，首先应对账号进行清晰的定位，通过定位来明确、强化账号在用户心中的形象，让用户一接触某些关键词就能联想到这个账号。

1. 选择细分领域

在内容极其丰富的短视频内容平台，想要更好地为账号做定位，就要选好账号的类别。

由于内容非常丰富，短视频内容平台一般会对内容进行非常细致的分类。目前主流的分类方式以"微博式"分类和"抖音式"分类为代表。微博分类的主要特点是涵盖面广，以事物的基础类别来划分，我们将这一分类方式称为"微博式"分类；而抖音分类具有泛娱乐化特点，增加了"网红"等新词汇，分类名称较活泼，且不同分类之间存在交叉，如"萌娃"和"母婴育儿"，与事物的基础类别相比，分类风格更加"情绪化"，我们将这一分类方式称为"抖音式"分类。账号运营者可以根据自身的定位和受众年龄、学历等基本信息来选择参考"微博式"分类还是"抖音式"分类。

（1）"微博式"分类。

北京（地点）、国际、科普、财经、明星、电视剧、音乐、体育、健康、养生、历史、摄影、搞笑、正能量、游戏、育儿、美食、家居、读书、设计、时尚、动物萌宠、法律、收藏、社会、科技、数码、股市、综艺、电影、汽车、运动健身、瘦身、军事、美女模特、情感、政务、旅游、校园、房产、星座、"三农"、艺术、美妆、宗教、婚庆等。

（2）"抖音式"分类。

"网红"美女、"网红"帅哥、搞笑、情感、剧情、美食、美妆、种草、穿搭、明星、影视娱乐、游戏、宠物、音乐、舞蹈、萌娃、生活、健康、体育、旅行、动漫、创意、时尚、母婴育儿、教育、职场教育、汽车、家居、科技、摄影教学、政务、知识资讯类、办公软件、文学艺术等。

在开始运营账号的时候，需要将账号定位确立在上述某一个具体类别当中，持续发布这个类别的内容，而不要什么内容都发布。

明确定位能够让用户在看见或想到某一元素或相关元素时，快速联想到你所运营的账号。

2. 打造人设

人格是人的性格、气质、能力等特征的总和，不同的人的人格特点不可能完全相同，人格也因此具有独特性。

在全新的媒体环境中，通过内容平台的账号发布内容，与用户沟通，不管用户规模有多大，账号始终都是直接面向每一个用户的，与用户的交流是平等且双向的。一个账号越具有人格特征，形成越鲜明的人设，就越容易使用户产生自己与该账号密切关联的感觉。因此，在确定账号的定位时，除了要选择好自身的分类，还需要形成自己鲜明的人设。

在打造具体的人设的过程中，需要关注4个关键要素：角色、性格、场景和内容，如图2-7所示。

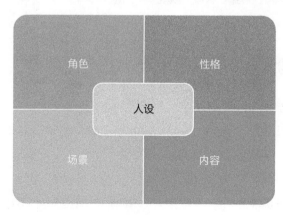

图 2-7

（1）角色。

角色指账号建立的与用户关系的类型，例如，一个人常扮演的角色有朋友、老师、孩子、保姆或者达人等，这些角色在内容平台中也经常出现，每个角色类型承担不同的功能，列举如下。

1）朋友：创作者以朋友的身份和用户分享自己的经验和体验，分享自己的生活，与用户拉近关系，让用户产生共鸣。

2）老师：创作者以某行业专家的身份与用户分享自己的知识，拓展用户的知识面，解答用户的困惑。

3）达人：创作者以某类型产品的长期使用者或者某个行业中经验丰富者的身份向用户分享领域相关的实用信息。

（2）性格。

性格是指向账号展现出的性格特点，例如，在形容一个人的性格特征时，人们会使用"有趣""机智""沉稳""热情""高冷"等词语。

在内容平台上，以不同的性格特点来展示自己的角色，能够让人设更加形象、立体。而要体现这些性格，就要找到每一种性格的代表性特征，例如，"有趣"需要突出幽默感，使用轻松的表达方式；"机智"要能够敏锐地抓住热点，评论角度要新颖；"沉稳"要突出公正客观的态度，分析深入，注重逻辑；"热情"通常要以积极的态度进行爱的表达；"高冷"则要有对品质的追求，不轻易改变，不随大流。

（3）场景。

场景是指和用户交流的场景。和日常生活中一样，人们总是在某些具体的场景里做事，在内容平台上也是如此；内容需要借助某些具体的场景去展现，例如工作、购物、度假、做饭等，通过这些场景来触发用户产生熟悉的感觉。账号的定位不同，展现的场景也不同，例如有些账号表现乡村田野的景色，有些账号表现一线城市的职场环境。

可以触动用户的场景一般很具体，所以在创设场景的时候，可以用这个公式细分场景：时间＋地点。"时间"可以是忙碌、休闲等，"地点"包含家里、公司、商场等。例如，如果场景是"假期去度假"，其本质就是"休闲＋公共场所"；如果场景是"工作日上班"，其本质就是"忙碌＋公司"；如果场景是"在家看电视"，其本质就是"休闲＋家"。场景通常会与一种或几种情绪相连，例如，家庭场景往往可以带来亲切、闲适的感觉。

（4）内容。

内容是指向用户传递的信息。常见的内容类型包括展示价值观、生活方式、品味、新知识与专业建议，如图 2-8 所示。运营人员在确定主要内容的时候，需要围绕用户价值思考，想一想所提供的内容对用户有什么意义。

例如，账号发布关于专业建议的相关内容，目的是为用户提供专业性的、经过深度思考的解决方案，通过专业的内容来吸引用户持续关注；而更有性格特点的账号，则通过展示自己的生活方式来吸引用户，表现自己对衣食住行等生活方式的追求。

在确定自身账号的具体运营方向时，通过对上述4个内容类型的思考和组合，再结合自身的资源以及能力，确认账号的人设，撰写一份简单的人物简历，并在后续的内容生产中，始终保持这样的人设方向，如此才能在众多的账号中形成鲜明的定位和特征。

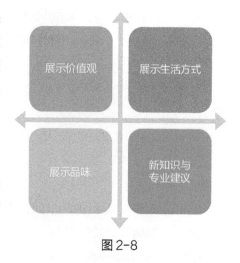

图 2-8

2.2.2　打造完美的主页

在内容消费节奏越来越快的短视频内容平台，运营人员在确定账号的定位之后，需要完善账号的主页设置。

主页是账号留给用户的第一印象，具有重要作用。用户能点开头像进入主页，就证明已经被该账号发布的视频内容所吸引，究竟能不能让用户关注账号，就要看主页的运营了。

常规的短视频账号主页具有昵称、头像、简介、视频封面等几个要素，因此主页的运营主要围绕这几个要素展开。以抖音为例，如图2-9所示。

1. 昵称

昵称是短视频账号的名称，但是在短视频内容平台，对账号的命名不像日常生活中给孩子取名或者企业确定品牌名那样严肃，通常都能体现账号属性或个性。但是要做好短视频的内容运营，就要对账号的昵称进行周全的考虑，最终实现只要看到或听到昵称或者账号的代名词，用户就可以瞬间联想到该账号的内容。因此，昵称的命名十分关键，需要着重注意以下两点，如图2-10所示。

首先，昵称要符合账号的定位，体现出视频的类型以及账号的人设。例如，抖音某美食达人的昵称为"××料理"。

其次，昵称要有辨识度，最好还能有一定的趣味性，这样用户看到之后，除了能第一时间了解该短视频账号的内容，还可能因为账号本身的趣味性而多加关注。例如，抖音某宠物类达人的昵称为

"会说话的 ×××"（××× 为宠物猫的名字），其抖音账号通常会编写极具创意的文案，使用风趣幽默的配音，打造极具观赏效果的趣味萌宠视频，由此获得较高的点击量。

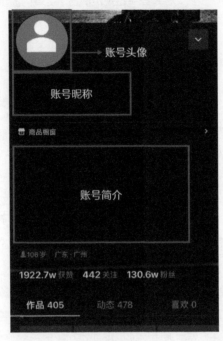

图 2-9

图 2-10

2. 头像

如果说内容可以被系统识别并进行分类，那么头像就是容易被用户识别并且快速"分类"的标签。相比文字，图像更容易吸引用户关注并了解账号。在短视频内容平台上，关注的按钮通常设置在头像下方。因此，头像的选择对提升关注度也具有重要作用。

一般来说，可以选择的头像有几种，例如，真实的照片或者经过加工的形象照尤其适用于个人的账号，也可以选择与自身定位相关的主题海报。

在上传头像图片的过程中，运营人员最好针对每个具体平台的头像图片上传要求做出相应的调整，避免有些头像设计的内容比较多，但是在平台规定的显示区域内显示不完全。

3. 简介

简介是出现在账号中的一句话介绍。简介非常重要，相比昵称和头像，简介可以表达的内容更多，也更全面。

同时，可以把"梗"引入简介，特别是目标用户能够听懂的"梗"，这样相当于在无形中和用户拥有了共同语言。目标用户看到并看懂了这个"梗"，就会像在茫茫人海中找到了同类，并听懂了同类发出的"暗号"，进而对简介的内容产生共鸣，主动关注账号。

4. 视频封面

当一个短视频内容账号发布内容的数量较少时，视频封面的重要性不会体现得那么明显。但是当发布的内容超过 10 条，不时有新用户点击进主页观看时，提前规划过的视频封面和没有进行过规划的视频封面，给人的感觉是完全不同的。

因此，有规划的运营需要提前把这些问题都考虑到。视频封面的整体要求是风格统一、简洁明了。封面边框、封面包装、封面字体，这三者构成了一个视频封面的主要内容，因此在具体设计的过程中，可以关注对这三者的设计，对三者实施统一的规范和要求。特别是封面的包装，选择的视觉元素最好与账号定位形成关联。

2.2.3　短视频内容的制作流程

在完成了上面的一系列设置和操作之后，就要进入短视频内容制作的环节了。

对于一个短视频账号的运营人员来说，短视频内容制作不仅仅是拍摄，而是一系列工作的组合。短视频内容制作具体可以分为 5 步：找选题、找切入点、编剧、拍摄以及后期剪辑，如图 2-11所示。

1. 找选题

选题决定了短视频的主题，不宜脱离观众。在给账号定位的过程中，通过明确账号类型，内容运营人员已经知道了短视频的方向，因此找选题时，也需要紧紧围绕这些方向进行内容的选择。

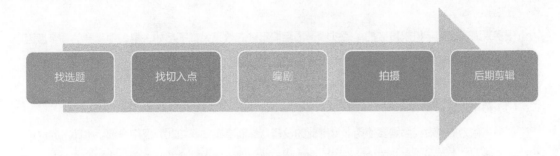

图2-11

要想让播放量快速提升，首先要在内容选择上贴近用户。最贴近用户的内容往往最能得到用户的认可，这才是高播放量的保证。例如，短视频账号的定位是搞笑幽默，那么目标用户来看这个账号的短视频，肯定是希望寻找乐趣。如果这个账号今天发布的是搞笑幽默的内容，明天发布的是时事政治，后天发布的是财经解读，就会令用户无所适从。这样的发布方式也无法使账号获得平台的推荐。

其次，选题要不断更新。在一个具体的短视频内容类型下，每天都有不同的事件和热点产生。怎样借助热点话题提升用户的关注度，需要针对具体方法不断进行探究。

2. 找切入点

选择切入点就是选择视频创作的角度。对任何一个事件来说，事实只有一个，但是看待它的角度却是多种多样的。在短视频内容平台中，一个热点事件的发生，往往会催生很多短视频内容，这样可能会使用户产生审美疲劳。如果能在这个时候提供一个新奇的角度，就可以在所有的内容中脱颖而出，获得用户的认可。

3. 编剧

把选题和切入点都确定好后，就可以对视频脚本进行撰写。脚本内容应该包含人物的台词、心理状态、想法、感情流露，以及环境、道具等。

视频的拍摄不是个人的行为，很多情况下需要依靠多人的协作，然而人和人沟通，有时会因为掌握的信息不同而产生多种多样的理解。交流的时候有一个内容完备的脚本，能为团队的合作提供良好的基础。

短视频的脚本内容不会太多，但是要求给出足够的细节信息。一个常规的短视频脚本包括镜号、画面内容、景别、拍摄方法、时间、机位、台词、音效等。

4. 拍摄

很多人通常拿起手机就直接拍摄短视频，最后拍出来的效果大都不尽如人意。很重要的一个原因就是没有做好前期的准备工作，没有思考具体的拍摄方法。要拍出好视频，除了完成找选题、找切入点和编剧这 3 个步骤外，还需要为拍摄这一环节做好充足的准备。

（1）拍摄工具。

很多人认为拍摄短视频需要使用非常专业的设备，然而事实并非如此，仅用一部手机即可完成短视频的拍摄，只有在制作商业用途的视频或者视频后期处理量较大时才需要采用专业的相机拍摄。此外，还有一系列辅助拍摄工具可以大大提升拍摄质量，如图 2-12 所示。

图 2-12

1）手机 / 相机。

对于短视频拍摄来说，设备拍摄功能越强越好，但是也可以使用满足基本拍摄要求的设备，具体可以根据账号运营的阶段以及预算进行选择。视频画质应达到 1080pHD，帧数为 30fps 或 60fps。

2）稳定器。

手持稳定器又称云台，是拍摄过程中用于提升画面稳定性的设备，特别是在一些动态场景的拍摄中，使用云台能够大大减少视频画面的抖动。

3）三脚架。

三脚架是辅助工具，用来支撑摄影摄像设备，让其保持稳定，防止视频画面抖动，尤其是在静态场景的录制中，使用三脚架辅助拍摄非常重要。

4）补光灯。

补光灯又叫摄影灯，主要作用是在缺乏光线的情况下为拍摄提供辅助光线，以得到较好的画面效果。一般需要两个补光灯，一个作为主灯，而另一个用来补光。

5）麦克风。

对短视频拍摄来说，声音很重要。最简单的麦克风是手机有线耳麦，而全指向的领夹麦克风功能更强大，相比其他类型的麦克风也更为实用。

6）提词器。

在拍摄的过程中，尤其是在录制口播短视频的过程中，出镜人员可能会出现记不住台词的情况。准备一个提词器可以解决这一问题，有利于更顺利地拍摄视频。一般来说，一些专业的提词器价格比较昂贵，在运营初期预算不够充足的情况下，可以在手机上下载提词器类 App 使用。

（2）拍摄方法。

在进行短视频拍摄时，创作者需要了解基本的拍摄方法。其中有 3 个要点需要重点掌握，分别是景别、运镜和构图，如图 2-13 所示。

1）景别。

当摄像机与拍摄主体的距离不同时，拍摄对象在拍摄画面中所呈现的大小也不一样，不同距离所形成的画面效果被称为景别。以图 2-14 所示为例，根据画面承载的不同范围，可将景别分为以下 5 种，特写指人体肩部以上、近景指人体胸部以上、中景指人体膝部以上、全景指人体的全部和周围背景、远景指被拍摄主体所处的环境。

关于不同景别的差异，还可以参考以下图示案例。

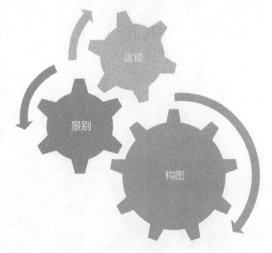

图 2-13

- 特写，如图 2-15 所示。
- 近景，如图 2-16 所示。
- 中景，如图 2-17 所示。
- 全景，如图 2-18 所示。
- 远景，如图 2-19 所示。

图 2-14

图 2-15

图 2-16

图 2-17

图 2-18

图 2-19

电影和电视剧的拍摄一般会融合多种景别来展现不同景别下的人物状态。不同景别下人物展现的心境不一样，所呈现出来的画面效果自然也不同，当用户看到不同的内容时，就会产生不同的心理感受。如果拍摄的时候使用特写景别，会给用户强烈的视觉冲击，但需要使用得恰到好处；而全景景别可以完整地展现人物与环境之间的关系，还能通过一些特定的环境来表现人物。创作者可以根据需要选择不同的景别。

2）运镜。

顾名思义，运镜就是镜头的运动。在短视频的拍摄过程中，根据不同的画面呈现要求，需要借助移动镜头、改变镜头的光轴或焦距来满足视频所需的不同画面效果。运镜的种类包括推镜头、拉镜头、摇镜头、移镜头、跟镜头、升降镜头和综合运动镜头等，如图2-20所示。

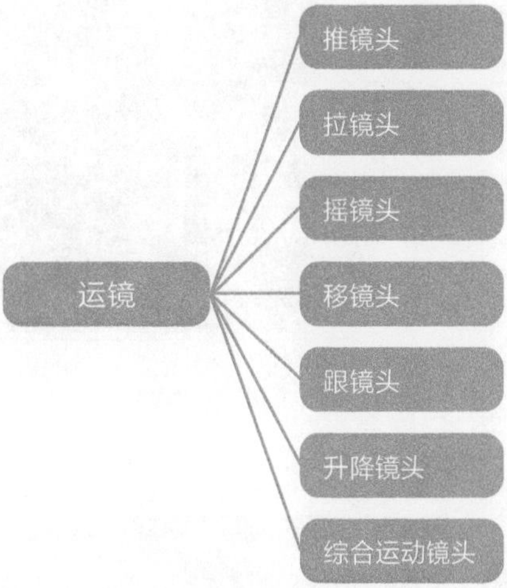

创作者拍摄短视频，需要掌握不同的运镜手法，其中推镜头、拉镜头、摇镜头和移镜头较为常见，下面简要介绍这3种运镜手法。

图2-20

- **推镜头。**

推镜头，是指摄像机在拍摄的过程中渐渐靠近拍摄主体，或者通过变动镜头焦距，将画面取景由远及近，使得拍摄主体在画面中逐渐变大，引导观众注意力移动到特定部位。

- **拉镜头。**

拉镜头是指摄像机在拍摄的过程中渐渐远离拍摄主体，或者通过变动镜头焦距，将取景框从近到远拉开，与主体产生距离。这种运镜手法有利于展现主体和环境的关系，如图2-21所示。

- **摇镜头。**

摇镜头是通过摇摄而产生的一种镜头语言，在拍摄中，摄像机的位置不动，机身依托三脚架上的底盘做上下、左右、旋转等运动，如同我们站在原地环顾周围的人或事物。摇镜头多用来模拟人物的视角。比如：某个人物被眼前的风景所吸引，那么画面上一秒是人物的眼睛，下一秒就要摇镜头，呈现人看到的场景，同时也表现出人物的情绪反应，也就是看到风景的心情。很多视频创作者会使用摇镜头拍摄环境，以交代背景，某些调查类视频中会用到类似的拍摄方法。

- **移镜头。**

移镜头适用于表现画面的律动感和艺术感染力，拍摄时要注意运动的速度始终和人物相同，人物停止运动，摄像机就需要停止运动。这种运镜手法有助于调动观众的视觉感受，在表现大场面、大纵深、多景物、多层次的复杂场景时能实现气势恢宏的造型效果。

图 2-21

（3）构图。

短视频拍摄的构图是根据拍摄内容和拍摄目的，把要表现的形象适当地组织起来，构成一个协调、完整的画面。通过构图，画面可以主动地引导观众视线，帮助观众分清主次，表达情绪。

常见的构图方法包括中心构图法、水平线构图法、垂直线构图法、三分构图法、对称构图法。这里介绍其中的 3 种。

- **中心构图法**，即将主体放置在画面中心的构图方式，如图 2-22 所示。这种构图方式能够突出、明确主体，而且画面显得左右平衡。

图 2-22

- **三分构图法**是摄影、设计等艺术门类中经常使用的构图方式，如图 2-23、图 2-24 所示。用 2 条竖线或 2 条横线将场景分割，将重要元素放在线上或附近。

图 2-23

图 2-24

● **对称构图法**，是指按照一定的对称轴或对称中心，使画面对称的拍摄手法，如图 2-25、图 2-26 所示。一般在拍摄建筑、自然风光时会用到这种构图方法。

图 2-25

图 2-26

5. 后期剪辑

随着短视频行业的竞争越来越激烈，短视频内容平台也加强了视频剪辑方面的投入，开发出很多简单、易用的剪辑工具，供运营人员使用。例如，抖音平台推出了剪映，快手推出了快影，哔哩哔哩推出了必剪，微信视频号推出了秒简。

在这些剪辑软件的辅助下，运营人员可以更便捷、高效地创作视频，并在完成制作之后一键上传到相应的平台，实现生产工具和分发平台的绑定。

拍摄好的视频素材，需要进行后期的剪辑处理才能正常使用。对短视频的制作来说，后期剪辑非常重要，常常可以弥补拍摄素材不理想的短板。

短视频剪辑主要包含选择合适的剪辑软件、确定视频素材、确定背景音乐、添加视频创意元素4个步骤，如图2-27所示。

背景音乐在短视频中特别重要，例如，很多关注度高的短视频往往配有一段有趣的音乐。一段好的背景音乐能在开场时就吸引用户，因此在后期剪辑的过程中要特别注意这一点。

最后，可以通过添加创意转场方式、增加贴纸、增加音乐卡点等来添加视频的创意元素。

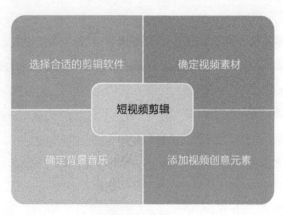

图2-27

2.3　短视频运营与管理

引导案例

一开始进行短视频的运营，你可能会发现这样的情形：同一类型的视频内容互动数据差异明显；同一个人在不同时间段内发布的视频的数据表现也参差不齐。

例如，从发布时间看，无论是工作日还是周末，发布视频的高峰期都出现在中午（11—12时）和傍晚（17—19时），其中傍晚时段发布的视频更多，数据表现也更加活跃。无论是工作日还是周末，不同粉丝等级的账号发布视频的高峰期与平台整体的高峰期相差都不大。其中，不同粉丝等级的账号中午的数据表现相差较小，但一到傍晚，粉丝量越高的创作者，发布视频的数量占比越大。

这些都会影响每一个账号的运营数据表现。把这些情况纳入运营管理中来，可以极大地改善运营的效果。

那么，移动互联网运营人员如何才能掌握科学、有效的短视频运营与管理方法呢？

2.3.1　短视频运营方法

要想提升短视频内容运营效果，首先需要掌握一些基本的运营方法。

1. 发布时间与发布频率

对短视频用户使用手机情况的调查显示，60% 的用户会在相对固定的时间刷短视频，仅有 10% 的用户会利用碎片时间刷短视频。因此，要想让自己的视频账号受欢迎，就必须掌握好用户刷短视频的时间规律，有针对性地进行内容发布。

（1）固定在流量高峰时间发布内容

用户刷短视频的时间在工作日与休息日是有所不同的。

在工作日，无论是学生族还是上班族，自由玩手机的时间总是受到限制的，因此，内容发布必须考虑到用户使用频率最高的时间段，以提升视频的总观看量。具体来说，在工作日发布内容，可以参考以下几个时间段，如图 2-28 所示。

1）6：00—8：00。

这个时间段，用户的生活周期处在起床到去上班的阶段，用户既可能在起床后第一时间打开手机上的短视频 App，也有可能在乘坐公交车和地铁的过程中浏览视频，在这个时间段发布的视频会比较容易被用户浏览。

2）11：30—13：00。

午休时间段，用户上午的工作大多已结束，使用手机的频率升高，浏览短视频的频率也相应升高。

3）16：00—19：00。

这个时候，很多用户的工作陆续结束，或在回家的路上，疲惫的他们需要通过观看短视频来放松一下或消磨时间。

4）21：00—22：00。

对很多用户来说，这个时间段是他们最放松的时间。结束了一天的工作，或结束了晚上的应酬，在一天即将结束的时间里，用户会拿出手机休闲一下，看看视频，放松心情。

在休息日，用户浏览视频的时间就不像工作日那样规律了，他们可能会随时拿起手机，打开视频App，因此可以根据账号运营人员自己的规划进行内容发布。

图 2-28

（2）保持稳定的发布频率。

除了增加短视频用户的总量外，账号的运营时间越久，就越能够吸引忠实的用户。如何把陌生的路人变成账号的忠实用户，除了保证内容质量，还需要在运营上下功夫。

保持稳定的发布频率是吸引忠实用户的重要手段，因为这样可以帮助用户形成良好的观看习惯。这在具体执行中可以注意以下两点。

1）尽量保持每日更新。

尽管账号可以以每日更新、多日更新及每周更新等多种频率进行更新，但是短视频内容平台的信息层出不穷，一旦视频账号和用户的接触频次降低，这一账号就极有可能被其他的账号替代，原先积累的客户也有可能流失。因此，尽量保持每日更新很重要。

2）在固定的时间点更新。

用户观看的习惯一旦养成，就很容易被相同的条件触发。如果每次都在固定的时间点更新，用户就会养成在固定的时间点观看的习惯。反之，如果内容发布的时间间隔长短不一，用户就很难养成观看的习惯，更不用说变成账号的忠实用户了。

2. 标签管理

标签是短视频内容平台对海量视频内容进行管理的一种方式。对于平台方来说，主要有两种分类形式：在每个固定的类型下进行视频分类，形成不同属标签，如"＃滑雪＃柯基＃带着宠物去旅行＃"，滑雪和柯基是两个不同属标签，意思完全不同，但合在一起，用户便可以联想到带宠物一起游玩；以某个具体的标签进行内容分类，形成同属标签，如"＃无人机＃航拍＃"，无人机和航拍隐含的意思几乎一致，同属标签能够提高被同类爱好者搜索到或被平台推荐的概率。标签在一些平台又被称为"话题"。

所以，每次发布视频的时候，除了要精心撰写相应的文案标题，还要仔细选择标签，尤其是关注度特别高的标签。这样，视频内容就能借助这些热门标签或者热门话题的传播势能，更快速地推广出去。

3. 平台活动

本课程重点介绍的是短视频账号的运营人员应该如何开展运营工作，但其实平台方也是要进行运营的。

短视频内容平台开展运营的方式，主要是在平台发布多种多样的活动，引导账号运营方参加，从而调节平台各种内容的平衡，相当于平台通过制定规则来运营平台。而短视频账号的运营人员要善于解读短视频内容平台的规则，知道平台发布活动的目的是什么，并积极参与平台活动。

参与活动最重要的一点是速度快。一个新活动发布之初，内容往往很少，用户整体的关注度也会比较低，但由于这是平台发布的活动，平台方必然会着重进行推广。推广过程中，平台需要选择一些优质的视频账号作为代表，类似于老师选出"三好学生"，希望其他学生向他们学习。因此，短视频账号运营人员需要抢占时间优势，争取自己发布的内容成为平台的第一波推广内容，这样除了在账号粉丝中传播之外，还可以借助平台进行推广。

4. 评论互动

制作精良、能引发用户共鸣的短视频内容，除了会得到用户的点赞认可，还会得到用户的主动评论，用户会通过评论表达自己的喜好和态度。而一旦用户开始评论，后面看到视频的用户就会阅读评论，并参与讨论。因此，在视频发布之后不久，评论内容往往会对其整体的传播起到重要作用，需要运营人员进行有效的干预和管理。

（1）第一时间段内回复评论的速度要快。

内容发布初期，评论不多，一开始就给出评论的用户大多是账号的忠实用户，他们一直在等待视频内容的发布，并且总是快速地给出反馈。因此，要快速地回应这些用户的评论，就像快速回应朋友发来的信息一样。在这个过程中，得到回复的用户会更加认可账号，对账号的忠诚度不断提高，从而形成正循环。

（2）优秀的评论要置顶。

评论区经常出现的一个问题是，尽管评论有很多条，但是其中很多内容都比较空洞，没有实际的参考价值，后续观看的用户不太容易从评论中得到有用的信息。部分短视频平台允许手动置顶评论，及时置顶优秀评论，后来的用户就可以首先看到有意义的评论，产生收获感，从而更有参与评论的动力。并且，被置顶的优秀评论还可以引导评论区的话题走向，从而避免出现太多的负面情绪。

（3）恶意评论不予理睬。

短视频账号面向的用户群体庞大而复杂，因此难免会出现恶意评论或者攻击性的言论。运营人员要及时管理这些言论，如果可以删除，最好是删除恶意评论，如果不能删除，至少不应该回复，甚至与之辩论，避免对账号本身产生不好的影响。

2.3.2　创作者服务平台

专业的短视频内容运营人员除了要掌握如何在手机上发布视频之外，还要学会使用短视频内容平台推出的创作者服务平台。其中，"抖音创作服务平台"和"快手创作者服务平台"较为典型，下面将以这两者为例，简要介绍如何登录创作者平台并使用其主要功能。

1. 抖音创作服务平台

下面介绍一下抖音创作服务平台的登录方式和主要功能。

（1）登录方式。

在抖音创作服务平台首页，点击浏览器页面右上角的"登录"，会显示"创作者登录"和"机构登录"两种方式，如图 2-29 所示。

1）创作者登录方式。

创作者：用抖音号 / 手机号登录即可，无须审核或注册，所有功能均可使用。

- 打开抖音创作服务平台，扫码登录或用手机验证码登录。
- 创作者的身份需要根据自己喜欢创作的视频内容来进行选择。创作者身份标签仅用于统计，对账号没有影响，如图 2-30 所示。

图 2-29

图 2-30

- 如果需要修改创作者的身份，可以在【授权管理】—【个人信息】中进行修改。

2）机构登录方式。

机构：注册时须提交必要信息，部分信息需要审核，审核时间为 3 个工作日，注册完成后，即可正式登录。

- 打开抖音创作服务平台，扫码登录或用手机验证码登录。
- 首次创建机构账号，必须进行必要信息的提交，部分信息需审核通过，才能登录使用账号。
  （其中必要信息包括单位名称、网站备案 / 许可证号、营业执照等。）

（2）主要功能。

在抖音创作服务平台可以查看榜单，并进行互动、评论、内容和数据的管理。

1）查看榜单。

在抖音创作服务平台的首页可以直观地看到几种不同的热门榜单，便于账号运营者及时掌握抖音热门，激发创作灵感。这些榜单包括热点榜、上升热点榜、热歌榜、今日热门视频榜、体育热力榜等。

- 【热点榜】：展示抖音热点内容和热度。
- 【上升热点榜】：展示上升热点词和热度。
- 【热歌榜】：展示热歌、上升热歌、原创歌曲和热度。
- 【今日热门视频榜】：展示当天抖音热门视频和热度。
- 【体育热力榜】：展示抖音体育明星头像、昵称、热度。

如果运营者选择的【创作者身份】是"体育"，除【体育热力榜】外，抖音创作服务平台还将展示更多二级榜单，包括运动健身、户外运动、运动文化、篮球、足球、台球等。

2）互动管理。

在互动管理界面，运营人员可以直观地看到粉丝互动分和私信管理，可以对粉丝留言和关注列表进行操作，也可以进行评论回复和管理，如图 2-31 所示。

3）评论管理。

点击【评论管理】，即可在右侧页面选择视频，查看评论列表。

运营人员可以在这里看到发布视频的评论内容和时间，可以对评论进行【点赞】【回复】【删除】等操作。此外，可以按照点赞数量从高到低对视频进行排序，掌握最新热评。

4）内容管理。

可上传视频、添加定位、设置权限（是否可以下载、可见范围等）。

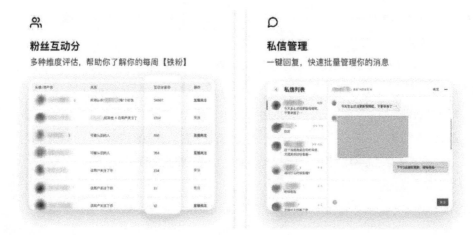

图 2-31

5）数据管理。

在数据管理页面，可以查看已登录账号多方位的数据看板和分析，更有评论热词、榜单、关键词搜索等功能助力账号运营。

- 申请开通条件：关注用户数 > 1000；最近 1 周内投稿天数不少于 3 天。
- 功能：可以看到登录账号的播放数据、互动数据等，如图 2-32 所示。同时，还可以点击查看【作品数据】【榜单排名】【我关心的】【与我相关】等。

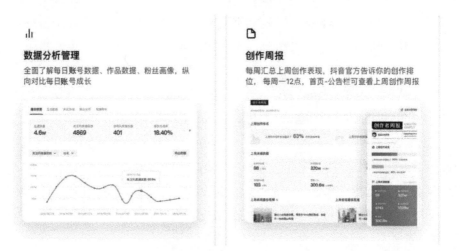

图 2-32

- 【播放数据】: 30 天内投稿的视频的播放数据。可切换最近天数，可导出。

- 【互动数据】: 昨日点赞量、评论量、分享量；数据看板可切换选择点赞量、评论量、分享量的走势图，可切换最近天数，可导出。

- 【粉丝数据】: 展示总用户数量、昨日新增用户数量，可切换最近天数，可导出。

- 【作品数据】: 登录账号单条作品的详细数据，包括播放相关数据、互动相关数据、评论相关数据等。注意该数据非实时数据。

- 【直播数据】: 展示观看、互动、收益等总数据，也展示单场直播的相关数据，可导出。

- 【粉丝画像数据】: 每日用户画像，包括性别、年龄、地域、用户兴趣分布、关注热词、新增关注热词等。注意该数据非实时数据。

- 【我关心的】: 通过已登录账号添加 10 个重点关注的账号，即可在这里查看对应账号的公开数据，包括近 30 天内的发布内容总数、关注者总数、获赞数，以及昨日新增获赞数等。

- 【与我相关】: 每个登录账号可添加 3 个"与我相关"的关键词，这里将展示视频标题中包含这些关键词的视频列表。

2. 快手创作者服务平台

快手创作者服务平台是运营人员需要掌握的主要的创作者服务平台之一，这里介绍一下该平台的登录方法和主要功能。

（1）登录方法

目前所有快手用户均可登录平台上传视频。同时，平台给予 MCN、公会及其旗下成员、商家号服务商、电商基地及其旗下成员更多的机构管理功能。

- 可直接访问快手创作者服务平台。

- 可在电脑端访问快手官网，在页面上方菜单栏内选择【创作者服务】—【创作者服务平台】。

- 机构需申请入驻，如果已经入驻成功，将自动跳转到创作者服务平台。

有 3 种登录方式可选择：直接打开快手 App 扫码登录、用手机验证码登录以及用快手账号密码登录。

如果创作者账号拥有多重身份，首次登录需选择登录身份，具体身份类型包括快手创作者、商家号、机构管理方。

如已登录其中一个身份，想切换到另外一个身份时，需点击页面右上角的头像箭头，选择【切换角色】。

（2）主要功能。

1）首页总览。

创作者可通过首页快速了解账号基本数据、资源、作品优化技巧、近期热点话题、热门活动、创作者学院课程以及官方最新公告资讯。

2）内容发布。

视频发布要求如下。

- 大小：支持 4GB 以内的视频。
- 格　式：mp4、mov、flv、f4v、webm、mkv、m4v、3gp、3g2、wmv、avi、asf、mpg、mpeg、ts。
- 时长：最长 10 分钟。
- 清晰度：截至 2020 年，该平台支持发布 60 帧高清视频。

发布步骤为选择页面左侧的【内容发布】，点击页面中间区域后选择视频文件，或直接把视频文件拖曳至上传页面。可通过平台完成以下内容。

- 封面图：封面图可选择自行上传，也可以在已上传的视频中选取。自行上传，需上传一张最小尺寸为 400 像素 ×400 像素的图片；选取封面，即在视频中截取某一画面作为封面。若不上传也未截取，发布视频后将默认视频首帧画面为封面图。
- 标题样式：选取想要的标题样式，在"封面标题"输入框中输入 28 字以内的标题。
- 视频描述：创作者可填写 500 个字符以内的视频描述，支持通过输入符号"#"来添加话题标签。
- 视频预览：视频上传后，可在平台上预览，目前支持"普通版"和"大屏版"模式预览。若出现无法预览的情况，可能是浏览器版本的原因，不会影响作品上传成功后的实际播放。
- 查看权限：可设置视频可公开的范围。
- 定时发布：可在指定时间发布视频，但只能选择在从 1 小时后到 7 日后的某个时间点进行发布。
- 提交发布：填写完视频信息后，点击"发布"并跳转至视频管理页面，即可进行查看。平台将对视频进行转码，转码需要一定时间，一般与上传作品的时间等长，但不会对视频画质产生影响。
- 修改定时：在定时发布时间前的半小时内，可修改定时发布时间或取消定时发布。

3）内容管理。

支持查看统计时间段内发布作品的数据，包括播放数、点赞数、评论数等，快速对比分析近期作品的表现，同时支持删除作品等操作。

4）数据统计。

机构可查看成员、作品、直播、用户 4 个维度的数据，以及详细的数据分析，从而获取更多作品和受众信息，了解账号的粉丝画像。

- 从成员维度，能够统计发布作品活跃、直播活跃、成员粉丝的数据情况。从作品维度，能够统计近期发布作品数、完播数、点赞 / 评论数、新增粉丝数等。还可查看近期直播的播放数据趋势，了解直播互动数据及收入情况。

- 从用户角度，能够了解近期粉丝变化及趋势。其中用户画像和受众分析突出了用户维度的各项指标，能够帮助运营人员快速找到目标用户，也可以为运营人员进行作品推广时选择推广人群提供参考。

本章同步测试题 👉

一、单选题

1. 在短视频类型中，以一个话题开头，随机邀请路人就相关问题进行回答，并记录路人反应的短视频属于哪一种类型的短视频？【　　】

  A. 才艺展示类　　　　　　　　　B. 街头访谈类

  C. 风景民俗类　　　　　　　　　D. 技能类

2. 用户可以通过观看短视频进行学习，请问，可以通过下列哪一类短视频学习，帮助自己提高化妆技巧，让自己变得更美？【　　】

  A. 美妆类　　　　　　　　　　　B. 技能类

  C. 才艺展示类　　　　　　　　　D. 搞笑类

3. 2020 年春节期间，由于疫情，线下影院不开放，原定春节档上映的电影《囧妈》被字节跳动花费 6 亿元采购，之后在以下哪个平台为主的渠道进行了播放？【　　】

  A. 爱奇艺　　　　　　　　　　　B. 西瓜视频

  C. 优酷视频　　　　　　　　　　D. 哔哩哔哩

4. 移动互联网时代，产品丰富、选择多样，用户可观看的内容已经多到数不胜数，在此背景下，想要开始一个新的短视频账号的运营，哪一步工作决定账号未来的内容走向？【　　】

    A. 账号昵称
            B. 平台选择

    C. 账号定位
            D. 运营者能力

二、多选题

1. 近年来，短视频成为最受欢迎的数字内容产品之一，也成为用户获取相关信息的主要渠道之一，相对于传统视频，短视频有哪些明显特点？【　　】

    A. 生产门槛低
            B. 社交属性强

    C. 详尽地讲述内容
         D. 内容形式丰富多元

    E. 观看场景碎片化

2. 短视频的内容十分丰富，类型多种多样，可以满足人们对于学习、娱乐等多方面的需求，目前较常见的短视频类型有哪些？【　　】

    A. 风景民俗类
            B. 搞笑类

    C. 才艺展示类
           D. 美妆类

    E. 技能类

3. 如今，短视频内容随处可见，越来越多的互联网企业开始布局短视频领域。根据平台的特点，短视频内容平台目前可以分为几类？【　　】

    A. 内嵌短视频综合平台
         B. 外挂短视频平台

    C. 独立短视频平台
         D. 内嵌短视频的传统视频平台

    E. 创新视频平台

4. 对短视频账号的运营人员来说，短视频的生产不仅仅是拍摄，而是一系列工作的组合。制作一个短视频的工作流程一般可以分为哪些步骤？【　　】

    A. 找选题
            B. 找切入点

    C. 编制
             D. 拍摄

    E. 后期剪辑

5. 短视频拍摄需要有一定的专业知识，例如视频拍摄的构图技巧，其与摄影构图技巧类似。常见的摄影构图方法有哪些？【　　】

    A. 中心构图法
         B. 垂直线构图法

C.　水平线构图法　　　　　　　　D.　三分构图法

E.　对称构图法

三、判断题

1. 当前的短视频领域，准入门槛低，制作成本也低，只需有一部手机就能成为短视频博主，进行短视频的拍摄与发布，因此，拍摄者不需要具备多强的专业能力，只要有平台、有流量，就可以跻身"网红"之列。【　　】

2. 抖音是广受用户喜欢的短视频平台，2016 年 9 月上线的抖音，在短短一年多的时间内就发展成为日活跃用户量突破 1 亿的短视频平台，也是当前全球最大的短视频平台之一。【　　】

3. 快手的前身是 GIF 快手，一款用于制作和分享 GIF 图片的手机应用，之后转型为短视频平台，并定位于为三四线城市以及广大农村的"草根"群体提供直接展示自我的平台。【　　】

4. 在运营短视频账号的初期，账号发布的视频内容不多，关注量也较少，尽管如此，运营人员也需要在收到任何用户评论时第一时间给予反馈，及时了解用户喜好并对视频内容进行改进，同时需要及时置顶优秀评论，删除恶意评论。【　　】

5. 一条短视频，只要制作精良，内容专业度高，就一定会获得大量粉丝的关注。【　　】

四、案例分析

A 企业是各大著名化妆品品牌的原材料提供商，为了拓展业务，A 企业想创建一个新的美妆品牌，并同步开通一个美妆短视频账号。作为一名短视频内容运营人员，如果要为这个美妆短视频账号进行定位，你会给出哪些建议？

第 **3** 章

用户运营

- 用户的具体内涵
- 用户运营的基本概念
- 用户运营的主要方法
- 用户体系建立的方法
- 用户增长的基本方法

知识导图 👉

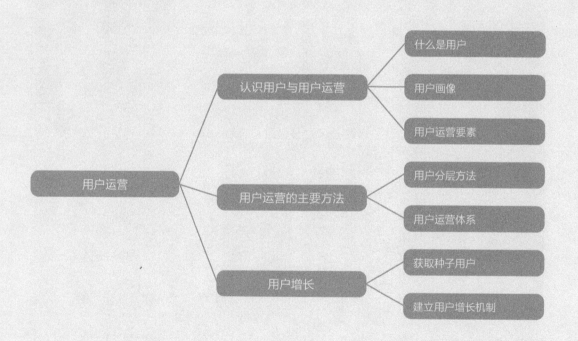

3.1　认识用户与用户运营

引导案例

如何让一个用户持续使用一款移动互联网产品，这是产品需要解决的问题。为长期使用产品的用户建立各种成长体系是移动互联网产品进行用户运营的重要方法。

QQ 是一款应用了超过 20 年的产品。20 年过去，一个普通学生可能早已事业有成，而第一代 QQ 用户肯定也已体验过 QQ 的无数版本，与 QQ 发生过许多难忘的故事。

QQ 的会员成长体系十分值得学习与借鉴。QQ 会员分为普通会员和超级会员，会员等级分为 9 个级别，每一级别都有对应的任务成长值要求，完成成长值任务，就可以获得成长值奖励。这些任务可以是登录时长，也可以是其他行为，具体是由运营人员设定的，运营人员希望用户有哪些行为，就可以进行相应的合理设置。

用户运营的工作内容非常多，为用户设定相应的规则，建立用户体系，是用户运营的重要内容之一。

那么，移动互联网运营人员需要掌握哪些用户运营的方法，又要如何设定与用户相关的规则和体系呢？

用户运营就是在理解用户感受、提升用户体验的基础上，创建用户画像，以用户获取、活跃、留存为目标，根据用户需求，持续提升各类用户增长的数据，如用户数、活跃用户数、用户停留时间等。

那么，面对时刻充满变数的用户群体，移动互联网行业的用户运营人员工作该从何处着手呢？下面，让我们先了解一下什么是用户？

3.1.1　什么是用户

用户，通常指产品或服务的使用者。定义用户是很多移动互联网运营人员面临的一大难题，因为不同的定义会导致下一步工作的重心、策略和执行有所不同。通常来说，根据用户的贡献程度和产品"上线—增长—成熟—衰退"的生命周期，用户大致可界定为四类：种子用户、浏览用户、普通用户和核心用户。

1. 种子用户

种子用户不等于初始用户。一般认为种子用户是潜力型用户，即愿意积极尝试、愿意参与、愿意传播，可以继续培养成为"忠实用户"的用户，是有利于培养产品氛围[②]的第一批用户。在选择种子用户的时候需要设定选择标准，尽可能选择影响力比较大且比较活跃的用户。

2. 浏览用户

浏览用户行为的随机性很强，大多数情况下只是随机地浏览一下产品、图片、视频。该类用户注册账号也很随机，其转化可能需要一个契机，也可能永远不会发生。例如，对于社区类产品，这类用户只会偶尔浏览产品的内容，而不会发表评论，也不会点赞，更不会发帖分享。

3. 普通用户

普通用户可能偶尔会使用产品，但是你的产品并不是这些用户的唯一选择。例如"今日头条"等新闻类产品，其核心用户一天可能会使用 5 次以上，而普通用户一天可能仅使用 1 ~ 2 次，他们还可能通过新浪微博等渠道去了解新闻。又如电商类产品，其核心用户一个月可能会消费 1 万 ~ 2 万元，而普通用户一个月可能只会消费 200 ~ 300 元，甚至更少。

4. 核心用户

核心用户可能是早期的种子用户，也可能是由后来加入的用户转化而成的，但他们必须是忠实用户，且使用时间长，能够形成消费，带来效益。核心用户通常具备两大特征：一是能带来资源或者带来帮助，例如，抖音达人用户能够持续贡献高质量的内容；二是能够帮助产品持续传播，或者为产品消费，例如在外卖平台上进行消费，同时不断邀请周边朋友进行消费，并且邀请数量还能达到一定数量级的用户。

3.1.2　用户画像

在简单了解了用户类型之后，接下来需要深入了解产品的用户特点，这就需要使用用户画像。

在移动互联网步入大数据时代后，用户行为数据是可以分析的，在一定条件下，这些数据会促使产品和服务发生一系列的改变和重塑。产品在使用过程中产生了大量的原始数据，有效地利用这些数

---

② 产品氛围：此处的氛围是指产品通过设计不同的细节，潜移默化地让用户产生某种心理状态或感受，这种心理状态感受可以让用户的行为偏向相应的行为。好的产品氛围能够提升用户的黏性或优质内容的贡献量。在这一方面，哔哩哔哩是拥有优质社区氛围的典型案例。

据进行分析和评估，进而进行精细化运营，是运营人员必备的素质。

利用这些数据为产品建立用户画像成为一切用户运营工作的开始。

用户画像，也就是用户信息的标签化，指通过收集用户的年龄、消费习惯、偏好特征、社会属性等各个维度的数据，对用户或者产品的特征和属性进行刻画、分析、统计，挖掘潜在价值信息，从而抽象出用户的信息标签，如图 3-1 所示。

图 3-1

在进行广告定向投放和个性化推荐之前，首先需要对用户进行画像，用户画像为数据驱动运营奠定了基础。

很多移动互联网平台对用户的统计和用户画像的建立，是通过一系列的标签来实现的，因此，运营人员需要对标签体系非常熟悉。标签一般分为个人属性标签和规则类标签。

1. 个人属性标签

个人属性标签是最基础也最常见的标签，例如，某个用户的年龄、性别、地域、近 7 日活跃时长等数据，都可以从用户注册数据、用户访问、消费数据中统计得出。

2. 规则类标签

规则类标签是基于用户的行为及确定的规则产生的。运营人员必须对业务足够熟悉，才能和相关的产品工作人员共同制定规则类标签。运营人员根据对某业务及其用户的了解，制定"用户生命周期标签""行为属性标签""会员等级标签"等规则类标签，如图 3-2 所示。

除了通过数据统计的方式之外，还可以通过电话调研、网络调研、当面深入访谈、网上第三方权威数据等方式收集用户信息，帮助运营人员理解用户，形成用户画像。

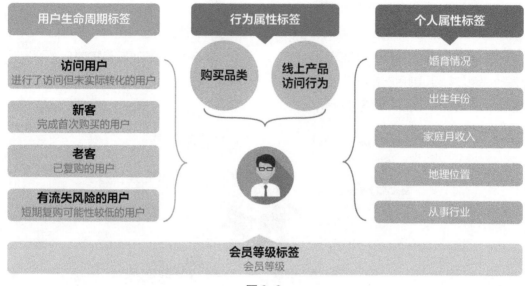

图 3-2

3.1.3　用户运营要素

　　用户运营的工作核心是：围绕用户的"新增—转化—留存—活跃—召回—传播"以及用户之间的价值供给关系，建立起一个闭环模型，以此来持续优化各类与用户相关的数据，如用户总数、活跃用户数、用户停留时间、用户流失率等。所以，用户运营需要重点关注以下几个问题。

　　（1）新增。

　　用户如何知道我们的产品并成为产品的用户？

　　如何成功对使用产品的用户进行引流？可选择的方式有社交网络媒体、广告投放、KOL 转发、优惠活动等，还可以不断地结合最新地形势进行创新。

　　新增用户越多，说明推广效果越好。一般情况下，产品发展初期的新增用户比例会非常高；慢慢地，随着市场趋于稳定，新增用户比例逐渐下降。

　　（2）转化。

　　如何引导用户转化？

　　转化的路径通常越简便、越快捷越好，运营人员可以通过了解用户的关注点和喜好，探索出引导他们完成转化的最佳路径。在了解了不同群体对产品不同的期待后，运营人员可以分开来看每一个步骤，找到每一个转化点，再根据不同的分析结果选择最优的路径，助力用户转化率的提升。

（3）留存。

用户在初次试用之后是否会继续使用？

留存用户指标可以用来衡量产品对用户的吸引程度，从用户是否长期多次使用产品可以看出产品对用户的价值和用户对产品的黏性。常用的留存用户指标有次日留存、3 日留存和 7 日留存等。

（4）活跃。

注册之后，用户是否会使用产品多种功能或达到某种使用频次？

活跃用户指标通常有时间范围，例如日活跃用户、周活跃用户、月活跃用户等。它是衡量一个产品质量的最基本指标，结合留存率、流失率、使用时长等指标还可以体现用户黏性。活跃用户指标也可以衡量获客渠道质量。

（5）召回。

- 用户流失的处理：识别"僵尸用户"[3]，对剩下的真实用户进行分析，给他们划分等级，再采取用户召回策略。
- 用户召回的实现：通过对大数据的分析，对流失用户的行为习惯进行分析，选择相应的渠道，如短信、精准广告、客户端等召回用户。

（6）传播。

用户是否会帮助推广你的产品？

建立用户数据体系，方便对用户数据进行分析，以支撑用户引流、用户转化、用户活跃、用户留存和用户召回等工作。十万量级和百万量级的用户、千万量级和亿万量级的用户，其用户运营体系差异很大，因此，建立用户数据体系要进行前瞻性、个性化的策略制订。

如果产品或者服务很好，获得了用户的认可之后，用户会自发地在自己的社交网络中传播该产品和服务，邀请更多人来使用或购买。在进行用户运营的过程中，运营人员需要重点发掘实现用户传播的关键措施。

3.2　用户运营的主要方法

引导案例

很多公司的运营人员，每天都忙于关注热点事件、策划专题、分析数据等，部分工

---

③ 僵尸用户：Zombie fans，多指虚假粉丝，如由系统自动产生的用户。

作内容重复。

我们先来看某公司的用户运营岗位要求。

（1）负责用户管理体系的建立、维护、完善，以及用户留存和生命周期管理。

（2）负责线上活动的基础运营工作，能够完成活动内容规划以及基础执行，负责社群氛围营造。

（3）搜集、分析用户行为数据和用户反馈，为活动运营、内容运营等提供建议，协同配合提升新增、活跃、留存、交易量等各项指标。

（4）负责利用个性化、精细化运营手段，提升用户体验，提升新用户消费转化率。

移动互联网运营人员面对上述用户运营岗位工作内容的描述，有哪些完成工作的方法？

3.2.1 用户分层方法

不管是一个人还是一个产品，其精力或资源都是有限的，如果要实现投入产出比的最大化，就需要对用户进行分层运营。

用户分层的具体方法有很多，依据的分层标准不同，获得的结果也不同。这里的用户分层，也可以理解为一种分类，通过不同的方式将高价值的用户筛选出来，制定出有针对性的运营策略，实现运营效果的最大化。

1. RFM 模型的概述

这里将重点介绍一种主流的用户分类方式，这种方式除了可以在移动互联网运营中使用，在传统的商业运营中也会经常用到，它就是为用户建立 RFM（Recency,Frequency,Monetary，即近度、频度、额度）模型。

RFM 模型是一种用户运营的工具和手段，来自美国数据库营销研究所的阿瑟·休斯（Arthur Hughes）。阿瑟经研究发现，在对客户进行数据分析管理的过程中，近度、频度、额度这 3 个要素构成了数据分析的最佳指标，能简单有效地反映客户或用户的价值。

需要指出的是，在传统的商业形态下，客户管理主要针对的是产生购买行为的消费者，也就是消费了才是客户，不消费的只是过客；但是在移动互联网的背景下，除了产生消费行为的用户外，很多没有产生消费行为的用户也是移动互联网产业的使用者，都属于我们的用户范畴，例如微信公众号的关注用户等。

因此，在移动互联网背景下，"M"可以理解为"内容的消费数量"或"内容的产生数量"。比如，在谈论微信公众号的运营时，可将"M"定义为"打开该公众号推文进行阅读的用户数量"，如此一来，就可以和其他内容消费数量进行区别了。

根据 RFM 模型，距最近一次消费的时间越近，用户越活跃，运营人员需要把握好时机做好营销；在限定时间里，如果用户的消费频率高，那么说明用户对产品比较满意，如果用户的消费金额高，说明用户本身的价值高，这两类用户都是高价值的用户。

2. 学习使用 RFM 模型

接下来让我们通过一个具体的案例来学习如何使用 RFM 模型。

RFM 模型中的 R、F、M 可以根据运营载体和内容来进行具体的定义。以内容型社区运营为例，先对 3 个指标进行定义：近度 R 指最近一次登录距离当日的时间；频度 F 是一个月内登录的次数；额度 M 是一个月内产生内容的数量（注意：内容型社区运营中的"M"应为内容产生的数量，而不是阅读量等表示用户反馈的数据，另外还可以详细定义这里所说的内容是主体内容还是评论内容）；3 个指标均设定为以 5 为最高值，1 为最低值。

（1）对 R 进行分级。

我们将 R 定义为最近一次登录距离当日的时间，时间由短到长分别为 R5、R4、R3、R2、R1。可以据此对用户数据进行筛选、分类，并按登录时间进行排序，这样就能了解用户近期整体的登录情况。

可以这样进行分级：将最近 3 天内登录的用户定义为 R5；将最近 4 ~ 10 天登录的用户定义为 R4；将最近 11 ~ 30 天登录的用户定义为 R3；将最近 31 ~ 90 天内登录的用户定义为 R2；将超过 90 天未登录的用户定义为 R1。

对用户进行分级之后，我们就可以采取不同的措施，对不同级别的用户进行了解。例如，能否通过某些措施鼓励 R5 和 R4 级别的活跃用户参与内容输出；R3 级别的用户能否帮助我们产出更好的运营策略；R1 和 R2 类的用户，能否通过定向的专题研究，了解到用户可能存在的流失问题，找到原因，从而降低流失率。

（2）对 F 进行分级。

我们将 F 定义为一个月内登录的次数，由多到少分别为 F5、F4、F3、F2、F1。我们可以据此对用户数据进行筛选、分类，并按登录次数进行排序。

在对 F 进行分级的时候，我们首先需要知道这个月所有用户登录次数的区间，也就是最小值和最大值分别是多少，这样才能进行合理的分级。例如有两组数据，最小值都是 0，最大值分别是 10 和 100，那么对这两组数据进行的分级就会不同，对它们采用同一分级标准反而不合理。

通过对登录次数的分级，可以得到 F1 至 F5 的 5 级数据，这样就可以采取对应措施去了解用户差异，提升运营效率。例如，对 F5 级别的用户进行研究，总结出促使用户持续登录的措施；对 F3 和 F4 级别的用户进行研究，找到产品对用户的价值；对 F1 和 F2 级别的用户进行研究，找到产品的缺点，从而有针对性地提高。

（3）对 M 进行分级。

我们将 M 定义为一个月内产生内容的数量，由多到少分别为 M5、M4、M3、M2、M1。可以据此对用户数据进行筛选分类，按照内容数量进行排序。

具体的操作方法与 R、F 的分级一致，我们需要先得出一个合理区间，并对数据进行分级。

在内容型社区中，M5 级别的用户贡献了最多的内容，而 M1 级别的用户则几乎是沉默的。我们可以分层研究，找到不同级别用户的特点。

至此，我们分别对 R、F、M 分级的方法进行了归纳。将这 3 个指标综合起来，可以得到一个三维立体的坐标轴，所有的用户都分布在这个坐标轴的不同位置。借助这个坐标轴，我们能够更加直观、清楚地看到用户的整体情况，RFM 模型的价值也得到了凸显。

例如，通过上面的分析，可以知道 R5F5M5 级别的用户价值最高，是一个社区的核心用户，而 R1F1M1 级别的用户则基本上处于边缘状态。

但是，大量用户是可以持续提升价值的。例如，我们或许可以通过合理引导，促使一个 R5F5M1 层级的用户更加积极地贡献内容；或许可以通过一些措施，提高一个 R1F1M5 级别的用户的活跃度和参与度。

同理，运营人员需要达成的目标不同，可以根据这种用户分类方式。找到不同的目标用户，有针对性地采取措施。例如，运营人员需要提升社区内的内容数量，就可以直接挑选出 R5F5M1、R5F5M2、R4F4M1、R4F5M1 等级别的用户，进行有针对性的运营。

3.2.2　用户运营体系

运营人员在运营一个新的产品前，需要制订出相关的运营规则，包含组织运作的规则、为完成目标所设立的相应组织的规则等。用户运营体系是一个完整的过程体系，从开始到之后的持续发展，都需要遵守相应的规则，从而保证工作有章可循。

用户运营体系主要包含以下几类内容。

1. 信息体系

这里的信息体系是个广泛的概念，从营销投放开始，就需要分类整理用户来源、用户信息（如年龄、性别、地区、消费情况）等。

第一，用户来源。运营人员可以通过用户来源了解活动推广是否达到了预期的效果，也可以明确地知道哪个地区或渠道的客户喜欢哪种类型的活动或者对哪些关键词感兴趣，从而形成转化。

用生活服务平台中的外卖平台举例，部分用户容易被"买××一元起"这种特价促销的广告吸引。那么在之后的活动中，平台可以以短信或者弹窗的形式，定向给这类用户推送特价促销的信息。

广告投放服务商可以根据用户网上行为信息进行精准投放，将广告投放给之前点击过特价促销的用户。第二次广告投放是基于第一次成功购买的用户数据进行的，转化率会高于全网投放。

另外，还可以根据用户的来源情况制定推送策略。如果用户是因为点击特价等促销活动广告而形成转化的，以后可以定期向这类用户推送类似的广告，还可以定期给他们赠送现金券、打折券等优惠券，促使他们再次购买，如图3-3所示。

图 3-3

第二，用户信息。运营人员可以根据用户性别、年龄及搜索习惯等，对已有用户进行分类整理，然后进行相应的运营，还可以利用第三方服务商的数据资源在全网范围内进行用户标签化的投放。

运营人员可以在不同的时间节点向不同地域的用户推送相应的广告。例如，中午 11 点，可以给用户推送附近餐厅的优惠信息；下午 3 点至 4 点，可以推送饮品和点心类的信息；父亲节，可以向 18 ～ 30 岁的用户推送皮带广告。还可以根据天气变化，在梅雨季节，向南方用户推送雨伞、雨衣、雨靴的广告；在冬天，向北方用户推送加湿器的广告等。通过分析用户的基本信息，可以充分挖掘存量用户的复购能力，降低整体的转化成本。

随着互联网技术的发展，我们可以了解更多的用户信息，根据用户信息实现有效推广。

2. 等级体系

不管是什么互联网产品，只有当用户感受到诚意，享受到相应的权益和服务时，用户才会回购，用户是运营的根本。例如，同一家银行不同类型的银行卡用户享受的用户服务不一样，白金卡用户可以享受专业的客服一对一的服务，生日时还能得到银行赠送的蛋糕，而普通卡用户却没有这些待遇，因此普通卡用户通常会尽力满足升级到白金卡的标准，让自己获得更多的权益。

在建立用户等级体系时，需要明确用户的需求和运营的目的，并判断二者是否匹配。不同的等级匹配不同的权益和服务，能够激励用户为了享受更好的权益和服务而努力升级，类似于游戏中的玩家等级。

以京东会员等级为例：积分为 0 ～ 1999 分的为铜牌用户，享受"满 99 免运费"和铜牌用户优惠价；2000 ～ 9999 分的为银牌用户，10000 ～ 29999 分的为金牌用户，这两类用户享有生日礼包和相应会员等级的优惠价；30000 分以上的为钻石用户，在前 3 个会员等级权益的基础上，还享有贵宾专线和每月 6 张免运费券。

这一系列等级权益体现了运营者的目的：激励用户更多地消费；等级高的用户信用度也更高，这类用户的评论更可信，能为其他用户提供更加有益的参考。可见，运营人员在建立用户等级体系时，必须结合自身产品特点及产品目标，这样才能搭建出完善的体系。

3. 激励体系

任何人坚持完成一件事，其背后总有一定的动机，动机不足则会影响事情的执行。在移动互联网产品的运营中，为了给用户更多的动力去完成一件相应的任务，就需要给他们相应的激励。

例如，如果运营人员用较高成本引来一个新用户，那么运营人员的运营目的绝不只是完成首次交易，一定是希望用户可以持续做出相应贡献，用户做出的贡献越多，相当于获客成本越低。运营人员需要从用户的需求出发，制定相应的激励体系，从而激发用户做出贡献。

（1）激励体系中的用户行为。

对于一个移动互联网产品来说，用户行为可以分为两类，一类是对产品有益的，例如贡献内容、贡献收入等，这类行为是需要激励的；另外一类是对产品有损害的，例如持续发布广告等，这类行为需要减少，因此需要强化对这类行为的惩罚。

例如，在社交网络内容平台中，头条号、百家号等内容平台就制定了很多对不诚实的创作者的处罚方式，如对涉嫌抄袭的账号进行不定期公示，并处以禁言或者封号的处罚；对于原创度高的账号，平台会将其推送给大量的用户，并且每当阅读量达到一定标准时就给予相应金额的奖励。这就是在鼓励平台上的创作者坚持原创，避免抄袭和盗版行为对原创者权益的侵害。

用户分类需要用到前文所提及的用户画像，了解多样且准确的用户特征，知晓什么样的用户可以推动产品前行，能够为产品带来什么样的价值等。而这一点也是准确建立用户激励体系的关键。

（2）激励方式。

不同的产品适用的，激励方式是不一样的。运营人员需要根据产品和业务的定位，从用户的角度出发展开运营，关注用户需求的差异，甚至相同的用户激励方案也会有不同的执行方式。

我们常见的激励方式有用户等级划分、积分及奖励等。在制定用户激励方案时，运营人员需要用到心理学的知识。例如，用户更想拥有醒目的高级头衔还是实际的利益？利用不同用户的不同特点，我们可以制定出不同的用户激励方案。

因此，在开始思考和制定激励方案前，必须明确用户分类。

同时，运营人员需要认识到产品和用户的关系，分析用户更需要"精神满足""物质满足"及"产品依赖度"三者中的哪一个，这样才可以建立起一套非常较完善的用户激励体系。

此外，用户激励体系也不是单靠运营部门就可以完成的。它不仅需要产品部门的支持，还需要企业内其他团队的配合，通过对产品的定位、规划、设计、优化等，使运营体系形成完整的闭环。

（3）激励在运营中的具体体现。

不同类型平台的激励方式存在差异，需要根据平台类型、营利方式等选择建立不同的激励体系。具体体现如下。

1）生活服务类平台。

通常来说，用户注册后就可以被纳入用户激励体系了。例如，新用户在外卖 App 上注册后，可享受首单减免配送费的优惠。饿了么就时常为用户发放抵扣券，刺激用户一次又一次地持续消费。

这一类平台最直接的激励方式之一就是利益刺激。但是运营人员采取这种方式时要全面考虑。例如，外卖平台发起"满 80 减 25，满 110 减 50"的满减活动时，一定要算好价格。当产品的活动价都是 9.9 元、19 元和 29 元时，可以采取满 99 元、199 元或者 299 元就进行满减的方式，这样总能多卖出一些产品。

2）社交网络内容平台。

对由用户创作作品的内容平台而言，建立用户激励体系的目的是激励用户提供优质内容，并且做好用户间的互动激励。

对于社交网络内容平台来说，创作型用户通常分为4种：第1种是喜欢发表看法的写手，他们喜欢在自己的专业领域内对一些事发表看法，或者写一些"干货"；第2种是媒体，他们需要通过各种渠道曝光自己、树立权威；第3种是创始人，他们需要一个平台介绍和宣传自己的产品；第4种是依靠平台直接盈利的用户。有些用户生成内容（User Generated Content，UGC）平台已经开始对内容提供者实行变现奖励，用户可以通过发表的内容直接获得收益。

以百家号、头条号为例，用户开通账号以后，在新手期每天只能发表一篇文章，发表的文章达到一定的指数后，平台会为其开放权限。度过新手期之后，如果用户发表的某篇文章达到了特定的阅读量，用户还可以获得相应金额的奖励。这样平台既丰富了自己的内容，又与用户形成了良好的互动，用户还可以通过平台获得一定的利益。

3.3 用户增长

引导案例

用户增长是移动互联网产品发展过程中始终都要关注的问题。

例如，在一段时间内，部分用户在浏览抖音视频时可能会留意到，视频播放两次后，分享按钮会变成自己好友的头像，而其他用户依然是常规的分享图标。这是借助用户的互动需求来提升该视频和全平台的分享数据。

用户群的互动率（转发，评论点赞的用户占比）与其留存率呈正相关，用户有互动，就会收到反馈，持续互动会产生黏性。

例如，你的微信好友很少，几乎很少收到微信消息，那么若你依然不加好友，你可能就会很少使用这个微信账号了。同样，如果你每次发朋友圈都几乎没有人为你点赞、给你评论，那么你发朋友圈的积极性也会大大降低。

还有一些手段也是出于用户增长的目的，例如某些产品要求用户在绑定账号的同时同步手机通讯录，后续推荐内容的时候，平台会先把你通讯录中的好友发布的内容推送给你。

作为移动互联网运营人员，在用户增长方面，你能采取什么策略呢？

3.3.1 获取种子用户

获取种子用户是用户增长的关键，那么如何获得较多的种子用户呢？在本节中，我们主要学习培养种子用户的方法，了解发展种子用户的时机和寻找种子用户的渠道。

1. 培养种子用户

对于任何一个新推出的产品来说，种子用户都是非常关键的一类用户，是一个移动互联网产品最核心的一部分用户，从财务数据的角度看也可能是最有价值的用户群体。

种子用户是在消费了产品或者使用产品之后，对产品有很高黏性的群体。种子用户可以为产品进行免费宣传，使产品信息得到广泛传播。

种子用户的特点需要和产品的特点吻合，同时种子用户需要具备一定影响力，能够影响产品的目标用户群体。在这一阶段，种子用户的质量要比数量更为重要，种子用户少而精并不是坏事。

相反，低质量的用户引进得多，不仅不利于产品性格的塑造，还会影响真正的种子用户对产品的认知，甚至导致他们放弃使用产品。在产品运营初期，与其拥有较多低质量的用户，还不如只有较少用户。

种子用户需要持续运营与维护。因此，在推出一个全新的产品之后，需要重点、优先培养种子用户，从而为后续大规模的用户增长提供良好的基础。

2. 发展种子用户的时机

考虑什么时候开始寻找和发展种子用户，需要从以下3个方面入手，如图3-4所示。

首先，产品能否满足用户需求？只有明确了用户的核心需求，知道产品为用户提供的核心服务是什么，才能为种子用户的寻找提供依据。

其次，产品与目标用户是否匹配？需要明确目标用户有什么特征，即产品的目标用户是谁。只有明确种子用户的特征，形成种子用户的画像，才能够找到相对准确的用户渠道。例如，目标用户的性别、年龄、地域、职业等都有什么具体特点？这部分人的消费能力如何？消费倾向是什么？

最后，产品是否已具备核心功能？至少需要形成一个核心的产品闭环，才能进行种子用户的拓展。在核心功能不完整时引入种子用户，可能会因达不到用户的要求而消耗其对产品的好感。

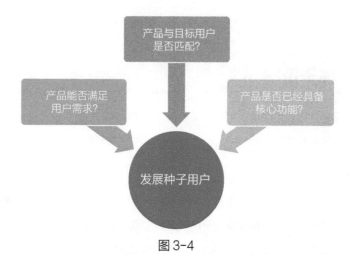

图3-4

3. 寻找种子用户的渠道

在明确了种子用户的特征以及寻找种子用户的时机之后，就该正式开始寻找种子用户了。在资源和实力不足的情况下，应从目标用户的聚集地开始寻找，主要有以下几种渠道。

（1）利用社交网络内容平台进行寻找。

- QQ 群招募，利用产品相关关键词搜索 QQ 群。

- 在微博、微信公众号上发布文章。

- 和一些专业的社区、论坛合作，找出对产品有兴趣的资深用户。

- 在豆瓣、知乎、贴吧等平台发帖。

- 利用社交圈进行宣传。

（2）借助已有资源进行寻找。

- 花费一定的预算做活动，通过给用户发福利的方式寻找。

- 利用公司原有产品的用户群做用户导入。

- 利用社会名人的名人效应，带动其他用户。

- 和其他异业产品进行合作，例如 App 之间的换量合作。

（3）采用特殊方式进行寻找。

- 采取邀请制，使用邮件、二维码、激活码等邀请用户。

- 利用视频、HTML5 等形式进行推广宣传。

- 通过社交网络的评论和私信功能进行寻找。

- 采用扫楼等地面推广方式。

以日常生活中常见的微信群推广为例：通过相关的活动或者渠道加入微信群，在群内保持活跃，帮助别人解决问题，甚至利用大号与小号对话也没有关系，经常在聊天中透露自己是做什么的；最直接的方法就是和群主保持良好的互动关系，因为群主的一次推荐，可以达到事半功倍的效果；即使没有被推荐，偶尔发几次符合用户利益的广告，也不至于被踢出群。

3.3.2 建立用户增长机制

用户是产品的生命源泉，他们能给产品带来生命力，使产品具有价值，而没有用户的产品则是没有任何意义的产品。用户量是衡量移动互联网产品最主要的指标之一。

1. 获取新用户

获取新用户是贯穿整个产品生命周期的重要主题。获取新用户的方式多种多样，不同的方式达到的效果不同，在不同的时期使用相同的方式获取新用户的效果也不同。但是在获取新用户的过程中，要始终遵循用户获取的规律，例如，时刻关注数据的变化，持续降低用户获取的成本以及不断优化运营方式等。以下是获取新用户最常用的几种方式。

（1）发布文章进行推广。

运营人员可以在社交网络内容平台发布关于新产品的各类文章，引导目标用户关注或者下载产品。另外，对于贴吧这类平台，还可以联系吧主或职能相似的人进行合作。

（2）人工邀请。

邀请行业内比较有影响力及号召力的意见领袖，以助力产品的宣传推广。

（3）口碑传播。

产品除了要具有完整且良好的功能外，还要尽可能专门设计能够广为流传的卖点，让其产生良好的口碑，在一定范围内传播。

（4）活动营销。

通过做活动来拉新是运营初期转化率较高的用户获取方式。活动营销中比较常见的拉新方法是"扫码免费送 ××"或"注册就送 ××"，还可以策划一些用户感兴趣的话题或事件，让用户了解产品的特性与价值，主动下载注册、关注、自发传播并使用产品。

（5）互相推荐。

寻找与本产品用户定位相同但业务类型不同的产品进行合作，通过相互推荐的方式推广产品，例如微博互转、微信互推等。

（6）付费广告。

通过付费广告进行推广，例如购买信息流广告、投放新媒体软文、请明星以及意见领袖推广。

随着产品竞争的加剧，越来越多的产品会采用付费推广获取新用户。只要经过测算，保证投入产出比，那么付费推广就是很有效的方式。

2. 提高用户留存率

企业进行用户运营的最终目的，就是获得真正有效的用户。注册完就永远不再使用产品的用户价值不高，只有真正留存下来并且不断使用产品的用户才是有效的用户。

用户运营人员要提高用户留存率，主要有以下 3 个步骤。

（1）正确的用户。

要提高用户留存率，运营人员首先要关注的就是用户的定位是否准确。运营人员在推广产品时，如果把握不好用户群的特征和需要，那产品的用户留存情况必然不会太好。

想要精准定位合适的人群，运营人员就要与潜在用户充分沟通，了解他们的需求，对他们进行系统的分类，研究不同群体的不同特点，以便有针对性地对产品做出改进。

（2）流畅的体验。

在对产品的用户群做好定位后，运营人员就要把重点放在用户体验上，让用户得到流畅的产品使用体验。实现这一点的方法多种多样，但核心是根据用户反馈的产品细节、外观、性能等，不断对产品进行优化，从而改进并完善产品，提升用户体验和好感度。

3. 提升用户活跃度

提升用户的活跃度（又称"促活"）是产品运营的关键，这要求运营人员了解用户需求，让产品对用户有所帮助。同时，要提升用户活跃度，必须建立完善的用户成长体系。

从广义上讲，促活不仅是一个提升用户体验、让更多人参与的过程，还是一个不断挑选优质用户的过程。有的用户非常看好产品，而有的用户对产品的感觉一般，用户运营需要让更多的人看好产品并将他们发展成为产品的优质用户。

常见的促活方式主要有以下 5 种。

（1）消息推送。

消息推送是目前最常见的一种和用户交流的方式，能产生很多可见的效果，如增加活跃用户、提升用户使用率、提高用户黏性等。以资讯类产品为例，如果资讯类产品能做到第一时间推送消息，用户忠诚度会更高，从而带动功能模块使用率的提高，引导更多用户关注、使用新功能等。

但频繁进行消息推送也不可取，轻则使用户对消息推送变得麻木，推送达不到预期的效果，重则让用户产生厌烦情绪，甚至直接弃用产品。

（2）嵌入游戏。

用户运营人员可以根据产品特性在产品中嵌入一些有趣的小游戏，这些小游戏最好有成就标识、分享功能及奖励（如优惠券），要让用户一旦需要优惠券就会想起这款小游戏，而玩过游戏之后不仅有奖励，还可以分享到朋友圈"炫耀"，这样既可以满足用户的成就感，也有可能带动更多用户参与其中。

（3）开发新功能。

再忠诚的用户也有"喜新厌旧"的时候。不少人会对曾经喜欢的东西产生不同程度的厌烦情绪，开发一些新颖的小功能可以再度点燃用户对产品的兴趣，从而提升用户活跃度。

（4）设置话题，激发用户讨论。

运营团队设置话题，利用讨论发酵话题，让更多用户参与其中。在话题讨论的过程中，用户发布自己的原创内容，可以影响、启发其他用户。应用这种方法，运营团队需要适当引导话题方向，丰富活动参与形式，及时对优质话题予以扶持，建立起完善的奖励机制。

（5）设置日常活动

设置一些长期的、日常的小活动，如每周二促销、每周六发放优惠券、每周向用户发送一次产品周报等，帮广大用户建立稳定的心理预期这类活动应适当，且对用户有实际的益处。长此以往，用户心里将形成一种稳定的期待，他们被"培养出感情"之后，促活也就水到渠成了。

4. 降低用户流失率

在运营产品的过程中，最让人头疼的问题莫过于用户的流失。产品质量令人不满意、产品功能不能满足用户需求、产品外形不够美观、产品更新换代的速度过慢等问题都会造成用户的流失。

运营人员应非常重视用户流失问题，这样才能让产品不断发展。避免用户流失需要注意以下几个方面。

（1）产品改进需要循序渐进。

产品要吸引用户，需要不断地进行更新优化，但是产品的改进更需要循序渐进、分步进行。每一次更新最好只进行小幅调整，平滑过渡，引导用户了解并使用产品的新功能。例如，产品要改变的地方有5处，一个一个地改动，可以让用户在心理上有一个缓冲的过程。此外，还要注意更改后的内容不要过于复杂，要精简产品的操作流程，避免产品因变动太快、太复杂而被用户放弃。

（2）消息推送要精准且不打扰用户。

消息推送有助于促活，但弊端是过度的推送容易影响用户的正常工作和生活，被用户视为骚扰，引发用户对产品的反感，用户甚至可能卸载产品或者取消关注。

（3）对流失用户要区别对待。

在所有的流失用户当中，有些是无法召回的流失用户，有些则不一定是真的流失用户，也许还可以挽回，因此要区别对待。要研究流失用户的流失原因，这样不仅能够避免今后用户的流失，还有可能挽回某些已经流失的用户。

本章同步测试题 👉

一、单选题

1. 在互联网运营中，种子用户常被运营人员视为重要的群体。种子用户的筛选有一定的标准，一般怎样的人可以被视为种子用户？【　　】

    A. 第一批注册的用户　　　　　　　　B. 资金充裕的用户

    C. 影响力大且活跃度高的用户　　　　D. 时间充裕的用户

2. 既是定向广告投放与个性化推荐的前置条件，又为数据驱动运营奠定基础的是以下哪项？【　　】

    A. 用户画像　　　　　　　　　　　　B. 产品卖点

    C. 企业背景　　　　　　　　　　　　D. 运营人员

3. 用户信息体系可以帮助运营人员更好地进行用户运营。在实际的工作中，运营人员可以根据气候、时令等，有针对性地推送相关的产品广告。请问以下哪项适合冬天推送？【　　】

    A. 防晒套装　　　　　　　　　　　　B. 露营套装

    C. 滑雪套装　　　　　　　　　　　　D. 户外烧烤套装

4. 在运营产品的过程中，用户流失属于常见现象，因此，运营人员需要通过合理的方式来避免用户的流失。以下哪种方式不太适用于留住老用户？【　　】

    A. 逐步优化产品功能　　　　　　　　B. 积极拓展新用户

    C. 区别对待流失用户　　　　　　　　D. 精准推送相关消息

5．在产品运营的过程中，用户的获取是延长产品生命周期的基础，因此，获取新用户的重要性不言而喻。当前获取新用户的方式多种多样，不同的方式在不同的时期使用，效果有所不同。以下哪种方法不适用于获取新用户？【　　】

　　A．人工邀请　　　　　　　　　B．活动营销

　　C．付费广告　　　　　　　　　D．强制关注

二、多选题

1．产品离不开产品的使用者，用户是大多数企业发展的核心，与互联网产品相辅相成。根据用户贡献程度和产品生命周期，可以将用户分为哪几种类型？【　　】

　　A．种子用户　　　　　　　　　B．沉默用户

　　C．普通用户　　　　　　　　　D．浏览用户

　　E．核心用户

2．建立用户画像，需要通过一系列的标签来实现。以下哪些标签属于个人属性标签？

【　　】

　　A．用户年龄　　　　　　　　　B．会员等级

　　C．收入情况　　　　　　　　　D．购买频次

　　E．教育程度

3．很多移动互联网运营人员会使用 RFM 模型来对用户进行分层，请问此模型主要包括以下哪几个要素？【　　】

　　A．用户活跃度　　　　　　　　B．用户最近一次消费距离当日的时间

　　C．用户消费频率　　　　　　　D．用户消费金额

　　E．用户分享产品的次数

4．互联网产品的运营包含用户运营体系的建立，用户运营体系主要涵盖以下哪些内容？

【　　】

　　A．信息体系　　　　　　　　　B．消费体系

　　C．等级体系　　　　　　　　　D．激励体系

　　E．忠诚度体系

5．用户是产品的生命源泉，他们能给产品带来生命力，使产品具有价值，没有用户的产品不具有任何价值。因此，用户的良性增长为产品的可持续发展提供了基础。运营人员在工作

过程中需要建立用户增长机制，此机制主要涵盖哪些方面？【　　】

    A. 增加用户沟通频次　　　　　　　B. 获取新用户

    C. 提高用户留存率　　　　　　　　D. 提升用户活跃度

    E. 降低用户流失率

三、判断题

1. 核心用户不仅限于早期的种子用户，还包括后来使用产品时间足够长、对产品以及品牌有着较高忠诚度的用户。【　　】

2. RFM 模型是一种用户运营的工具和手段，是美国数据库营销研究所的阿瑟·休斯提出的，目前这套模型只适用于互联网运营，并不适用于传统的商业运营。【　　】

3. 用户等级体系的建立是对人们的攀比心理，或者希望获得更高级别服务的需求的一种满足。例如，"银卡"用户可以通过完成各项任务，来让自己升级为"金卡"用户，享受更好的服务。【　　】

4. 对任何新产品来说，种子用户都是非常关键的用户，但寻找种子用户不能急于求成，一定要精挑细选，在产品上市的初期阶段，种子用户宁可少而精，也不要多而广。【　　】

5. 企业进行用户运营的目的就是获得用户，拥有的用户越多，越有利于企业的发展，所以运营人员的主要工作应该集中于引导用户注册，注册的新用户越多，就证明工作的效率越高。【　　】

四、案例分析

知乎是一个高质量的问答社区，知乎的用户热衷于理性客观地回答社区内的问题，给出详细的分析和论据。而形成这样的社区氛围，与知乎早期的种子用户息息相关。知乎早期的用户，都是通过"邀请制"发展而来，知乎官方也有意识地邀请了很多科技领域的意见领袖入驻，帮助社区形成理性回答问题的氛围。

种子用户是互联网产品可持续发展的基础，作为一名运营人员，寻找到种子用户，对日后工作的开展起着至关重要的作用。请结合所学知识，提供几种找到种子用户的办法。

第 **4** 章

生活服务平台流量运营

- 生活服务平台运营的思维特点
- 生活服务平台的数据分析方法
- 外卖平台的流量运营
- 酒店旅行平台的流量运营

知识导图

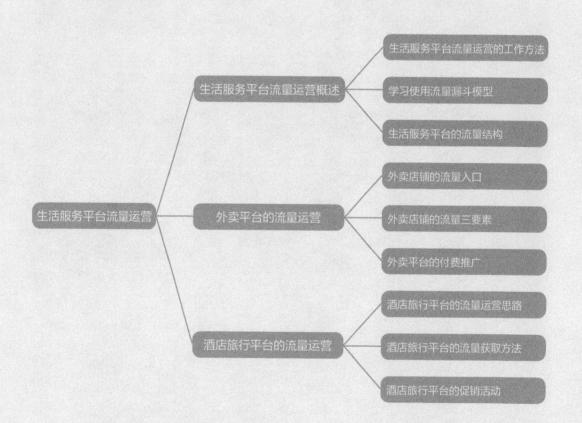

4.1　生活服务平台流量运营概述

引导案例

线下开店的商家经常遇到这样一个难题：没有客人。

餐厅没有客人吃饭，酒店没有客人住宿，最直接的后果就是"倒闭"。因为店铺的租金、工作人员的薪水是一笔固定支出，无论有没有客人，这些成本都会持续存在。因此，对商家来说，除了提供高质量的产品，例如美味的餐食、干净独特的房间等，寻找客人也是永远要关注的核心问题。

让餐厅或者是酒店入驻线上的生活服务平台，就是商家寻找客人的手段。商家可以在线获得客人，促成消费。线上的客人是以一种虚拟的方式存在的，也被称为"流量"。

随着生活服务平台的不断发展，线下的商家纷纷入驻线上生活服务平台，线上的流量竞争也越来越激烈。外卖类的商家要在美团外卖、饿了么等平台上购买广告，让自己的线上店铺位置更靠前，更容易被线上的客人选中；酒店类的商家也会在美团酒店、携程等平台进行推广。

其实，除了购买广告，要让自己的线上店铺获得更多的浏览量、点击量，商家还有很多的运营工作要做，这些工作都属于"流量运营"的范畴。

流量获取是生活服务平台运营关注的要点。那么，作为移动互联网运营人员，如何才能掌握有效的流量运营方法呢？通过本节的学习，运营人员将能够充分掌握生活服务平台流量运营的工作方法，认识并掌握平台工具。

4.1.1　生活服务平台流量运营的工作方法

通过对《移动互联网运营（初级）》一书的学习，初学者应该已经对生活服务类平台及其业务有了充分的了解，并且能够独立完成线下商家在生活服务平台上的入驻，并进行基本的店铺装修。简单来说，就是店铺可以开张了。

进入《移动互联网运营（中级）》的学习后，我们将对生活服务平台的运营有一个全新层面的认知：运营人员不仅要能独立开店，还要保证有消费者来店铺购买商品，也就是确保店铺的流量充足。

其实，对移动互联网产品来说，流量是极其重要的一个要素，直接决定了产品的成功与否。无论是大平台类企业，例如淘宝、美团等，还是小型的外卖店铺或者微信公众号，流量始终都是公司和产品的创始人、经营者所关注的核心指标之一。

为了获取流量，大平台不惜付出巨大的代价。以美团为例，为了保持其生活服务平台的流量，美团上市时提交的招股书显示，其在 2018 年花费 27 亿美金收购了摩拜单车这个当时市场占有率居于前列的共享单车企业，这一举措是为了借助其被高频使用的产品为美团导流。摩拜单车服务最终被整合进美团 App，而不再使用摩拜单车自己的 App。

可见，流量获取是生活服务平台运营人员需要学习的重要内容。我们首先要了解一下生活服务平台运营人员应具备的基本素质，然后掌握将自己的工作"流程化"的方法。

1. 生活服务平台运营人员应具备的基本素质

运营是一项有层次感的工作，很多时候运营人员都需要先做好一些琐碎的小事，然后再以此为杠杆，去"撬动"更多大事，生活服务平台的运营也是如此。

例如，在完成外卖平台的店铺设置之后，下一步就是上架商品，进行推广销售。首先需要依靠平台内的推广或者老会员的客户关系进行引流，获得前期基础销量和相关评价，再以此为杠杆，去"撬动"更多用户的购买意愿。

所以，优秀的运营人员应该以结果为导向，熟练掌握、灵活地运用丰富的外在资源、方法、技巧等。下面将重点介绍运营人员需要具备的基本素质。

（1）对平台规则的理解能力。

无论身处哪个行业，交易平台类的产品都需要同时服务好 B 端的企业客户和 C 端的消费者。为此，平台会制定清晰明确的规则，以维持整个平台的健康运转。

这类规则对 B 端企业的影响最大，因为 B 端企业需要借助平台开展自己的业务，如外卖店铺必须依靠外卖平台进行经营。生活服务平台运营人员需要准确理解平台的规则，并且对规则的变化保持高度敏感，这样才能保证自己的运营行为符合平台规范和要求，以期实现运营工作的效益最大化。

（2）对数据的敏感性。

如果一件事情不能被衡量，那么这件事情就很难被改进。在生活服务平台的运营中，数据就是用来衡量事件的指标，只有对核心数据指标了如指掌，才能判断工作主次，如图 4-1 所示。因此，生活服务平台运营人员需要掌握一些店铺运营的关键数据，以及数据分析的基本方法。这样一旦店铺在平台中的数据发生变化，运营人员就能够快速地意识到数据变化的含义及后果，继而在后续的工作中及时调整和改进。这就是对数据保持敏感的意义。

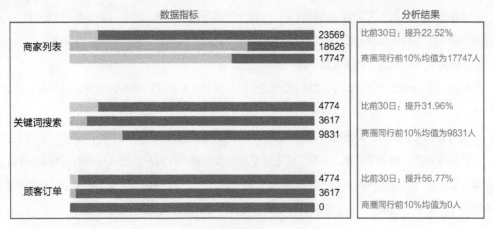

数据指标

商家列表　　23569
　　　　　　18626
　　　　　　17747

关键词搜索　4774
　　　　　　3617
　　　　　　9831

顾客订单　　4774
　　　　　　3617
　　　　　　0

分析结果

比前30日：提升22.52%

商圈同行前10%均值为17747人

比前30日：提升31.96%

商圈同行前10%均值为9831人

比前30日：提升56.77%

商圈同行前10%均值为0人

图 4-1

（3）懂得整合和借势。

整合能够最大限度地帮助运营人员凝聚各方力量，以合力之势实现运营目标，如图 4-2 所示。

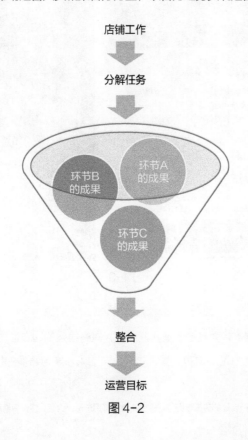

店铺工作

分解任务

环节B的成果　环节A的成果

环节C的成果

整合

运营目标

图 4-2

锻炼整合能力，首先需要根据店铺的工作内容来分解任务。运营人员要拥有分解任务的能力，即能够对店铺工作任务进行流程化的分解，熟悉每个环节中的工作重点、目标及其实现路径，以各个工作环节、任务目标为根据，合理配置工作人员和任务。

只有做到让每个环节合理运作，才有可能进一步收获各环节的工作成果，继而整合力量，实现运营目标。

其次需要借势。借势，是根据店铺的优缺点，寻找适合自己店铺发展的合作渠道。对运营人员来说，借助第三方的力量非常重要。一家店铺上线初期需要寻找目标客户，那么与拥有目标客户群的第三方渠道进行合作可以达到事半功倍的效果。例如，一家针对学校的外卖店铺，如果上线初期能够找到高校社团或者学生会进行合作，就能加快渡过冷启动^④的阶段，如图4-3所示。

图4-3

（4）执行能力强。

运营工作涉及的环节很多，尤其是流量获取环节，具有很强的动态性和复杂性。要在快速的变化当中做好运营工作，执行能力是基本功。基本功不扎实的人，学习再多的技巧也是白费功夫。因此，

---

④　冷启动：对于新推出的产品、新创建的店铺等而言，冷启动泛指其用户从无到有、慢慢积累用户量的过程。

在日常工作中，运营人员需要明确针对店铺的所有工作流程并持续优化，在运营中逐步完善细节，提高应对突发事件的能力。

2. 将自己的工作"流程化"

除了要懂得抓住工作中的关键环节，运营人员还要在开展运营的第一时间制定一套流程，借助流程寻找解决问题的方案。这是资深运营人员和普通运营人员的核心差别。

例如，你在接手一家入驻了美团外卖的店铺之前，需要先思考一下目前店铺的整体情况如何，并通过数据了解店铺的经营状况，对店铺的流量、营销、产品、定价等问题进行详细的分析；然后，基于店铺的分析框架，确定具体的运营环节和细节的重要程度，再制定针对性的解决办法。

4.1.2　学习使用流量漏斗模型

流量的转化是一个非常复杂的话题，但是在具体的工作中，可以通过流量漏斗模型对流量转化的不同阶段进行分解，对复杂的问题进行一定程度的简单化处理。

一般来说，转化漏斗是由不同大小的梯形一层一层叠在一起组成的，上面的梯形最大，下面的梯形最小，流量从上面进来，从上至下依次收窄。对生活服务平台上的店铺而言，流量漏斗模型主要分为展现、点击、访问、咨询和订单 5 个层次，如图 4-4 所示。

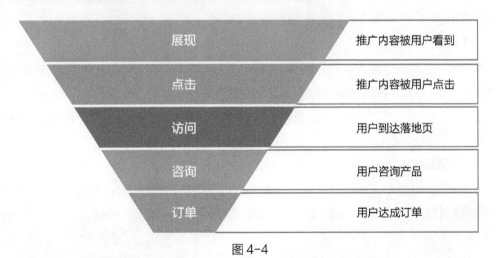

图 4-4

首先，展现主要是指展现广告创意，使得推广内容被用户看到；其次，用户对推广内容产生兴趣，进行点击；再次，点击行为发生之后，用户到达落地页[⑤]，进行浏览，即访问；然后，通过浏览，用户对产品产生兴趣，进而咨询下单；最后，用户达成订单。

这种分析方法常见于广告投放、渠道投放、搜索信息流等，是电商以及生活服务平台分析常用的模型。

需要明确的是，本节主要讨论如何为生活服务平台中的店铺获得流量，因此借助平台本身的流量工具进行推广也是运营人员的主流工作方式之一。流量漏斗模型的主要使用场景也在于分析如何更好地利用平台提供的工具。

流量漏斗模型的这 5 个层次都可以进行量化，我们称相应的量化指标为"展现量""点击量""访客数""询单量"以及"订单数"。

1. 展现量

展现是指运营人员推广的内容被用户看到：用户在搜索查询相关信息的过程中，触发了运营人员设置的关键词，包含该关键词的推广内容出现在搜索结果页中，整个过程被称为关键词和推广内容的一次展现。一段时间内获得展现的次数即"展现量"。我们也可以简单地认为，每次搜索关键词，出现一次相应的页面，就是一次展现。影响展现量的因素如下。

（1）关键词的数量。

设置的关键词越多，推广内容被触发的可能性越大，点击量的提升会让展现量随之提高。每个平台允许设置的搜索关键词数量不一，有的最多可显示 30 个汉字。

（2）关键词的质量。

在组合关键词时也要考虑关键词的质量。关键词的质量与较长时期内用户搜索该词的次数有关，当然，有一些平台会给特定的关键词推荐，这些词也有较高的质量。高质量的关键词可以帮运营人员找到精准的目标客户，带来转化，而低质量的、无用的关键词则会徒增展现成本，导致工作效率低下，影响推广的整体质量。

（3）关键词排名。

与关键词质量不同，关键词的排名是阶段性的，在不同时间段会有所差异，这与关键词在某一阶段的搜索人气相关。排名越靠前，说明搜索该关键词的用户越多，展现量就越高。

---

⑤ 落地页：也称着陆页、引导页。在互联网营销中，落地页是当潜在用户点击广告或者利用搜索引擎搜索后向其显示的网页。一般这个页面会显示与潜在用户点击的广告或搜索结果相关的扩展内容，而且这个页面应该针对某个关键字（或短语）做过搜索引擎优化。

（4）关键词的匹配方式。

关键词有多种匹配方式，其中广泛匹配、中心词匹配和精准匹配这 3 种方式较为常见。

1）广泛匹配：当买家搜索的词语包含运营人员所设的关键词及其相关信息时，推广产品就有机会展现在用户面前。

2）中心词匹配：当买家搜索的词语包含运营人员所设的关键词时，推广产品就有机会展现在用户面前。

3）精准匹配：当买家搜索的词语与运营人员所设的关键词完全相同（或是同义词）时，推广产品才有机会展现在用户面前。

2. 点击量

点击量通常是指一段时间内推广内容被点击的次数。在推广内容得到展现后，如果用户对其感兴趣，希望进一步了解推广的产品和服务，就会点击相应内容。影响点击量的因素如下。

（1）关键词排名。

关键词排名越靠前，推广内容就越容易引起访客的注意，也就是说排名越靠前，曝光量越高，点击量就越高，如表 4-1 所示。

表 4-1

序号	内容	曝光量	点击量	点击率
1	A	134 301	7635	5.68%
2	B	252 255	70 405	27.91%
3	C	165 894	23 902	14.41%

（2）店铺结构。

店铺商品关键词的布局越合理，关键词质量越高，排名就越靠前，点击量就越高。

（3）店铺主图创意质量。

店铺主图越有创意，对访客的吸引力就越大，点击量就越高。

3. 访客数

访客数是指单位时间内访问店铺的用户数量。一般来说，同一个访客可能会在同一时间段内通过多条路径进入店铺，所以访客数需要经过去重计算，即一个人在统计时间范围内访问多次，只计为一人。

店铺的日常运营，例如产品标题、产品属性功能、产品主图创意的吸引力、店铺首页的整体布局、产品详情页的描述、产品价格及店铺优惠力度等，对访客数的影响很大。做好以上日常运营工作，就能增加访客在店铺停留的时间，降低店铺页面的跳失率。

4. 询单量

询单量是指在客户与用户沟通人员沟通的过程中，用户沟通人员询问商品信息，客服应答并进行相应商品推荐的完整询单过程发生的次数。询单量直接影响转化率，也是间接带动整个店铺转化率提升的重要因素之一。影响询单量的因素如下。

（1）产品质量。

店铺的整体装修情况、产品价格及优惠力度、产品详情页的描述、单个产品的成交量及评价等，将直接影响询单量。

（2）用户沟通人员的能力。

1）用户沟通人员对产品涉及的专业知识的了解，以及用户沟通人员的基本素质和修养。

2）用户沟通人员的话术和沟通技巧。

3）用户沟通人员的响应时间。

4）用户沟通人员推荐关联商品的能力（七分问，三分听，及时准确地了解买家的需求）。

相较来说，外卖类的生活服务平台询单量比较少，用户大多会在查看店铺及产品介绍后直接下单，但是酒店旅行类的生活服务平台的询单量较多，这是由各自的产品特性决定的。

5. 订单数

订单数，即支付订单的笔数。每笔订单中包含至少1个子订单，且订单后台会展现每个产品详细的支付记录，总订单数是子订单的数量之和。影响订单数的因素如下。

（1）流量。

流量是店铺生存的根基。在前期没有任何销量的情况下，店铺基本依赖推广来得到更多的流量。

（2）转化率。

这里的转化率特指店铺转化率，即所有进入店铺并产生购买行为的人数与浏览人数的比率。所以想要增加订单数，应该在提升流量的同时提高店铺的转化率。

（3）自然排名。

随着销量、收藏量等的不断提高，自然排名的提升会带来更多的自然流量。

流量漏斗模型适用于某些关键路径转化率的分析、总结，从而判断店铺的运营流程和各工作步骤的合理性，以及是否存在优化的空间等；它还有助于运营人员尝试了解客户购买产品的真正目的，以便为他们提供合适的访问路径或操作流程。

在流量漏斗模型中，各个环节紧密相关，只有掌握了整个过程，以及其中的关键指标和影响因素，才能形成对大局的宏观把控。

4.1.3　生活服务平台的流量结构

在开展流量运营工作之前，需要了解店铺的现状。为了在了解现状的基础上发现问题、明确改进方向，首先需要进行流量结构分析，再了解如何打造好的流量结构。

1. 流量结构分析

流量结构分析具体可以从以下 4 个方面展开，如图 4-5 所示。

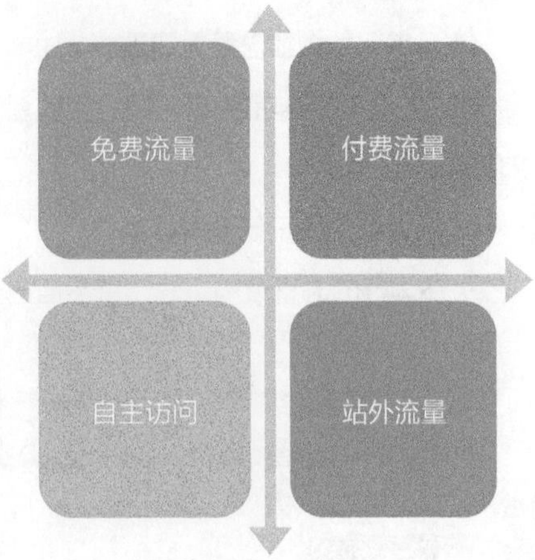

（1）**免费流量。**

免费流量是指店铺在平台上线后，通过平台自然导流进店铺的流量。

（2）**付费流量。**

付费流量是指运营人员通过生活服务平台提供的广告工具，通过付费获得的流量。

（3）**自主访问。**

自主访问是指除免费流量外，通过直接访问、已买到商品、购物车、产品收藏、店铺收藏等途径进入店铺的流量。

图 4-5

（4）**站外流量。**

站外流量是指从生活服务平台之外导入的流量。例如，运营人员在微信公众号、微博、抖音、快手等平台发布内容，从而转化出一定的流量访问店铺。

在进行流量结构分析的过程中，要结合平台的具体特点进行更精细化的分析。

2. 打造好的流量结构

盘点好流量的现状之后，就可以诊断问题，明确改进的方向。一般来说，打造好的流量结构需要做好以下几点，以控制各种流量的入口占比。

（1）**设置合理的产品结构。**

产品数量不宜过少，产品定位应清晰合理，店铺整体的风格、价位尽量统一，这样才能吸引同一类人群，从而获得精准定位，获得足够多的免费流量。

（2）对产品进行关键词布局。

产品标题是使用户注意到产品的关键，也是系统对产品进行精准定位的依据之一。运营人员应对所有产品进行关键词布局，尽量避免产品之间的无效竞争，抢占尽可能多的关键词入口。

（3）掌控好产品的上下架时间。

上下架时间的安排也是完善流量结构的一部分，为的是保证在每天的每个时间段都有产品参与流量竞争。

（4）适当的付费广告占比。

根据发展的需求，在店铺发展的各个阶段进行不同程度的付费广告投入。

（5）尽可能增加流量入口数量。

推广产品可以丰富流量入口，当流量入口较为丰富时，平台会给予店铺较高的权重，有利于免费流量的引入。

（6）保证流量不低于同行。

关注同行的流量结构，对比查看自己缺少哪部分流量，使自己的流量结构与同行相似。

4.2　外卖平台的流量运营

引导案例

小李是某连锁餐厅的一名店长，除了线下餐厅的运营管理，他还要负责其线上店铺流量的运营。

平常，线上店铺每天会接到100多个来自外卖平台的订单；但是一段时间过后，来自外卖平台的订单量减少了40%，这让小李很着急。

应该怎么做才能让这家线上店铺的外卖订单多起来？你会给小李怎样的建议？

4.2.1　外卖店铺的流量入口

现在大量店铺入驻外卖平台，使用户拥有了更多选择的机会，但也因为店铺有了更多的竞争对手，被点击的难度加大了。因此，店铺想要在外卖平台获得较高流量，需要店铺的运营人员通过了解外卖平台流量入口、更新店铺信息等，并持续根据平台、用户的情况对店铺进行"优化"。通常来说，外卖平台的流量入口主要分为以下几类。

1. 搜索入口

搜索入口通常位于外卖平台首页的最上方，如图 4-6 所示，用户可以在搜索栏中输入搜索关键字，找到自己喜欢的食品或者店铺。

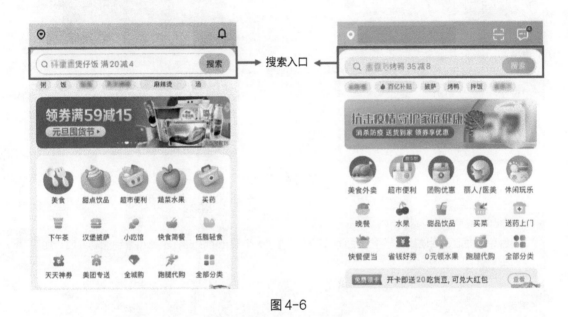

图 4-6

在外卖平台，用户可以通过搜索栏精准定位食品和店铺，减少浏览时间；商家则可以通过搜索栏的信息了解用户的喜好和检索方式，分析用户的消费习惯，从而优化店铺提供的食品，为店铺引流。同时，搜索栏入口也是实现餐厅线下用户向线上引流的一个重要渠道。

2. 品类导航入口

品类导航入口是最大的流量入口，导流效果十分明显，如图 4-7 所示。

外卖平台根据店铺经营的产品种类以及用户的习惯，将平台细分为很多品类，比如美食、超市便利、蔬菜水果、买药等。用户进入这些品类的界面，可以买到相关类型的产品。各品类入口的流量相对稳定，每个品类里的店铺的排名都是平台根据一定的规则确定的，优质的店铺排名靠前。

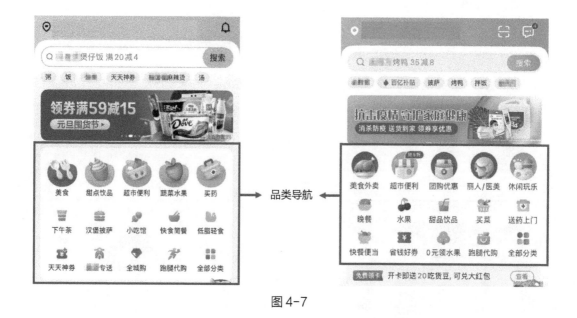

图 4-7

3. 营销活动入口

平台专门为自建活动或参与平台活动的店铺提供了一个展示的窗口，也就是营销活动入口，如图 4-8 所示。

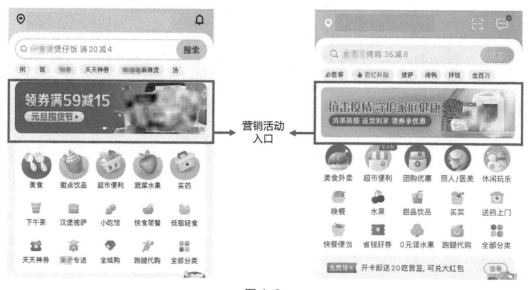

图 4-8

新的店铺可以通过这个入口获得流量和客户。如果店铺想参加这个入口的活动，需要了解平台的活动方式和报名条件，并对活动的相关规则进行分析。不同地区，不同时间，往往会有不同的活动主题。

4. 首页活动海报入口

外卖平台通常设有活动海报，不过不同的海报所在的位置不一样。从展示位置上来说，首页活动海报在提升店铺曝光量方面往往具备比较强的优势，可以提高店铺的影响力。要把握这个流量入口，海报的设计至关重要。海报的设计不仅要体现品牌特色和活动特色，还要能吸引用户的眼球，如图 4-9 所示。

5. 推荐店铺入口

推荐店铺入口仅次于品类导航入口，是平台为店铺打开的第二大流量入口。平台会根据用户的浏览、购买习惯和所处地区的情况，筛选出用户可能喜欢的店铺，在这个入口进行展示。如果店铺想在这个入口脱颖而出，需要深入研究平台的排名规则，优化相关内容。

6. 订单详情页入口

外卖平台还有一个订单详情页，用户有时会习惯性地在这

图 4-9

里浏览自己曾经下过单的店铺，并在其中选择当初体验比较不错的店铺，重复下单。对店铺而言，促使老用户多次购买，提升复购率，是很重要的。店铺若想借助订单详情页实现这一目的，不仅需要提高店铺食品的品质，减少配送时间，优化用户的用餐体验，还需要注意店铺标志以及店名的设计，好的设计可以加深用户对店铺的印象。

4.2.2　外卖店铺的流量三要素

知道外卖店铺有哪些流量入口之后，可以对各流量入口的引流数据进行结构化的分析。不过，除了这些入口外，排名、搜索结果以及首页的随机流量运用等关键要素，也会对店铺产生较大影响，运营人员需要对这些要素进行科学分析。

1. 排名分析

很多大的流量入口都和排名息息相关，例如品类列表、搜索结果列表、推荐店铺列表等。店铺排名是影响店铺流量的关键因素之一，店铺排名的高低直接决定了店铺在外卖平台上的具体展示位置，决定了店铺出现在用户面前的概率。

当用户搜索一件商品时，排名较靠后的店铺很少能有露出的机会，成交的可能性就更低。因此，掌握平台的排名规则，了解影响店铺排名的因素以及提升方法对于外卖平台运营人员非常重要。

店铺的排名是由外卖平台的一系列算法决定的，因此，要优化店铺的排名，就要提升店铺在各个指标上的表现。具体来说，以下几个方面会对店铺的排名有直接影响。

（1）店铺历史销量。

店铺的历史销量越高，排名靠前的可能性越大。因此，要提高店铺排名，运营人员就要尽可能地增加订单数，以此拉动店铺排名提升，让更多的用户注意到店铺，从而获得更多的订单数，形成稳定的正向循环。

（2）店铺评价分。

店铺评价分也是影响平台店铺排名的一个重要因素，在销量相同的情况下，店铺评价分越高，店铺越可能排名靠前。店铺评价分由用户对店铺提供的产品和服务的满意程度决定。想要获得更高的店铺排名，商家需要不断提升自己产品的质量和口味，完善打包、配送等配套服务，提升店铺评价分。

（3）店铺评价回复情况。

在某种意义上，用户评论区就相当于店铺与用户的一个交流平台。外卖平台对店铺和用户的良性交流一直持鼓励态度，排名时会对那些能够及时回复用户评价的店铺有所倾斜。

关于店铺对用户评价的回复，除了及时响应以外，回复的用心程度也是重要的衡量标准。所以，店铺要仔细查看每一位用户的评价，并根据评价认真做出回复。

（4）店铺营业时间。

基于人们的日常饮食习惯，外卖店铺的营业时间可分为多个重要时间段，例如早餐、午餐、下午茶等。平台给予店铺的流量会根据店铺的主营时间段来分配。店铺的营业时间越长，就可在越多时段获得用户的关注，排名也会越靠前。

餐饮原本就是一个场景化程度较高的行业。在不同的时间段内，用户想点的食品种类通常存在明显的差别。在某一具体时间段内，设置符合该时间段的食品种类，有助于提高店铺的排名。比如：上午5点到10点提供早餐，下午2点到4点提供下午茶，等等。因此，在设置主营时间段时，店铺一定要明确自身的定位，争取获得更多的流量。

（5）店铺回头客数量。

对商家而言，回头客代表着用户的认可，代表着商家在用户心中的口碑。而对外卖平台来说，店铺回头客数量是店铺优质程度的直接表现。因此，在同样类型的店铺中，回头客数量更多的店铺可以在平台上获得更高的排名。商家要做好用户的维护工作，不断留存并培养忠实用户，打造"口碑效应"。

（6）店铺出餐效率。

菜品配送是外卖销售中一个非常重要的环节，店铺的出餐效率对店铺的排名也有明显的影响。店铺的出餐效率往往直接关系到用户体验，出餐效率越高，店铺越容易获得用户的好感，从而得到更多的好评，提高店铺排名。

为了缩短出餐时间，店铺要提前做好订单的预测工作，准备充足的材料，合理设置出餐流程，从而保证出餐效率。

此外，还要关注平台排名的减分因素，避免对一些细节的忽略造成自身排名的降低，例如异常订单的存在，或是营业时段设置不当等。

1）异常订单的存在。

异常订单的数量能较准确地反映一家店铺的服务水平，用户催单频率较高、退单量较大等情况，都有可能引发店铺降权[⑥]。因此，运营人员一定要重视对异常订单的预防和处理。例如，如果一家店铺总是收到用户的催单，店铺就一定要关注自己的出餐流程，考虑是否存在流程优化的空间。

2）营业时段设置不当。

店铺的营业时段会对排名造成影响，经营适合特定时间段的产品的店铺排名会提高，反之会下降。当店铺的状态为"休息中""预定中"或"即将关店"时，平台一般不会优先推荐店铺，从而影响店铺的销量。

2. 搜索分析

用户除了根据店铺的排名来选择店铺，也会根据自己当下的需求和喜好来搜索食品或其他关键词。因此，搜索入口同样应该引起运营人员的重视。

要提高搜索排名，需要了解外卖平台的搜索规则。无论是美团外卖还是饿了么，搜索流量都首先

---

⑥　店铺降权：因存在违规嫌疑、数据异常或客户差评等问题，店铺的搜索排名被平台置后，导致店铺排名下降、店铺曝光量减少、访客减少等。

来自首页搜索和历史搜索，其次是平台推荐或热门搜索。这里重点介绍首页搜索和历史搜索。

（1）首页搜索。

如果用户需求明确，会直接通过首页搜索栏检索相关内容。因此，要实现对首页搜索排名的优化，运营人员需要对以下几类常见的搜索内容有所了解。

1）菜品和品类名称。

常见的搜索内容是菜品和品类名称，例如鲁菜、麻辣香锅等。平台通常会综合菜品名称相关性、菜品销量等多种因素显示搜索结果。

例如，用户想吃辣子鸡丁，可能会直接在搜索框中输入"辣子鸡丁"。如果你的店铺刚好售卖这一菜品，或者菜品名称中含有部分关键词，你的店铺和相应菜品便会出现在搜索结果中较为靠前的位置，如图 4-10 所示。

很多店铺为了省事，会缩写菜品名称，比如将"香辣鸡腿堡"缩写为"鸡腿堡"。虽然菜品没有变，只是名字少了两个字，但是当用户搜索"香辣鸡腿堡"时，缩写了名称后的菜品在搜索结果中的排名就会相对落后，很可能造成店铺用户的流失。长此以往，店铺的排名就会靠后，影响销量。运营人员在为菜品命名时，要尽可能地全面呈现菜品的特点，且菜品名称应具有一定辨识度，建议与菜品的品类或者食材等相关，从而提高店铺排名，提升整体销量。

除此之外，在不同的时间段内，用户搜索的关键词也有所不同。根据日常消费场景，平台营业时间主要分为以下 4 个时间段。

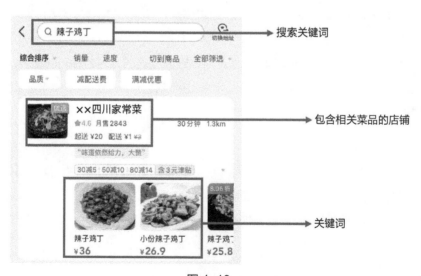

图 4-10

- 早餐：5:00—10:00。

- 正餐：10:00—14:00；16:00—20:00。

- 下午茶：14:00—16:00。

- 夜宵：20:00—次日5:00。

运营人员可以根据不同的营业时间段对菜品的名称进行优化。例如，14:00—16:00，不少用户会吃甜品、喝奶茶。运营人员可以结合相关信息，调整菜品名称，增加曝光量。

2）店铺名称。

用户也会通过直接搜索店铺的方式来寻找目标菜品，搜索结果页会显示那些名称与关键字一致或者相近的店铺。所以在店铺知名度不高的情况下，可以用"品牌名+品类名"的方式为其取名，以提升搜索流量。

3）商圈名称。

商圈名称是指店铺所处区域的名称。我们可以用"店铺名称+（××店）"的形式来为店铺命名。

运营人员需要注意，括号内的信息只能是路名、商圈名或行政区域名等包含地理位置的信息，而且一定要以"店"字结尾。

（2）历史搜索。

历史搜索主要展示的是某用户在一段时间内搜索过的关键词，如图4-11所示。

图4-11

历史搜索的订单转化率很高。如果用户的历史搜索中有某产品，那么用户重复购买该产品的可能性就会非常高。可见，外卖店铺必须保证在用户首次消费时，使其获得良好的消费体验，这样用户回购的概率就会很高。

3. 活动分析

许多用户在打开外卖 App 时，目的性并不明确。这时，用户往往不会使用平台的精准搜索功能，而会在平台首页上闲逛，看到感兴趣的便下单消费。从这个角度来说，首页的作用十分明显，能够对用户进行有效引导，刺激用户的购买欲。正因如此，生活服务平台会将大量资源投入对首页的设计，以期推出能够最大限度地吸引用户的各种产品及功能。

例如，饿了么首页的"限时秒杀"就是其重点打造的一个活动。

限时秒杀，指的是平台店铺在不同时段内，针对单品推出的限时、限量的降价或折扣活动，这是平台首页流量的一大入口。限时秒杀是限量抢购的升级版，在限量抢购的基础上突出了参与活动的商品的稀缺性，能够有效刺激用户的下单欲望。

限时秒杀活动每周都会更新，而平台对限时秒杀活动的招商一般半个月进行一次，由系统发送邀请信息给符合要求的外卖店铺，如果外卖店铺的运营人员想要参与，可以通过饿了么商家版，依照【营销中心】—【为你推荐】—【限时秒杀】—【报名】的步骤报名参与。具体规则如下。

（1）价格要求。

限时秒杀对商品原价和秒杀价有限制，具体如表 4-2 所示。

表 4-2

秒杀价	原价
9.9元	15 ~ 35 元
19.9元	25 ~ 55 元
29.9元	35 ~ 75 元

（2）菜品数量。

每家店铺可报名 1 ~ 2 种菜品，数量设置为 10 ~ 20 份。

（3）基础费用要求。

基础费用的具体要求如表 4-3 所示。

表 4-3

基础费用	要求
起送费	9.9 元档 20 元内；19.9 元档 35 元内；29.9 元档 40 元内
配送费	基础配送费 7 元内
餐食费	3 元内 / 个

（4）注意事项。

需要注意的是，一旦报名成功，便无法修改参与活动的菜品，且在报名之后上线的新品，不能参与本次活动。另外，用户不能同时享受限时秒杀与满减活动的优惠。

在用户开抢前，抢购页面依据店铺的综合排名进行降序排列；开抢后，则依据销量降序排列；用户点击过的菜品，将排在该用户抢购页面的上部。

外卖店铺运营人员要在限时秒杀活动中有所收获，可以从以下几个方面筹备。

1）选择符合场景的菜品。

订餐场景指的是：在特定时间，某类人在某地订餐。例如，午休时段白领在写字楼订餐，就是一个十分常见的场景，外卖店铺应根据具体的订餐场景，选择参与活动的菜品。再比如，选择奶茶、咖啡等参与下午茶时段（14:00—16:00）的限时秒杀活动，效果就比选择盖浇饭等正餐菜品好得多。

2）选择热销菜品。

根据不同的季节或节日，参与活动的商家可选择 1 ~ 2 种库存充足的热销菜品，既能适应季节需求、迎合节日氛围，又便于用户选择，一举两得。

3）切忌随意更改菜品定价。

将菜品价格提高后再参与活动，是外卖平台坚决抵制的行为。该行为不仅有损外卖店铺的品牌形象，还可能导致用户投诉，得不偿失。

4）合理设置起送费和餐盒费。

如果店铺起送费过高，很容易导致用户在下单的最后环节流失。根据平台规则，若起送费高于参与午、晚餐时段限时秒杀活动的菜品的原价，该菜品将不会出现在活动页面中；在宵夜时段，若菜品起送费比活动菜品原价高 8 元及以上，该菜品也将不会在活动页面展示；另外，餐盒费也需 ≤ 3 元，这样的菜品方可算作合格的活动菜品。

5）选择精美的菜品图片。

菜品图片如果带有水印或模糊不清，会降低通过平台审核的概率，也难以激发用户下单的欲望。色彩明亮且美观的菜品图片往往会带来更高的下单转化率。

4.2.3 外卖平台的付费推广

随着外卖竞争的日趋激烈，除了常规的流量入口之外，外卖平台也推出了一系列付费的营销工具，向店铺提供了更多获得流量的渠道。但是，与免费的流量入口相比，付费营销工具最大的特点是会产生金钱成本，因此运营人员必须对付费营销工具有详细的了解，这样才能获得更好的回报。这里重点介绍竞价推广这一工具。

竞价推广是外卖平台常用的一项精准营销工具，店铺以付费竞价的形式提高店铺在平台首页的曝光量和流量，以此提升排名、增加订单数。竞价推广根据点击次数进行收费，由店铺自己设置单次点击的价格（0.1 ~ 4 元），这可通过外卖平台的后台进行设置。

竞价推广的最终目的是低投入、高收益，通过提高曝光率，最终增加订单量。但是要实现这一目标，需要充分了解和掌握竞价规则，不断优化竞价策略。具体可以从以下几个方面入手。

1. 针对竞争对手进行调研

外卖店铺可以通过查询所在区域内同品类店铺的月订单数，预测自己所能达到的最高订单数。例如，某店铺主营的菜品是湖南米粉，运营人员在搜索"米粉"并选择按销量排序之后，发现排名第一店铺的月订单数是 6410 单，日订单数约为 213 单。此时，运营人员就可以预测自己所能达到的最高日订单数，即 213 单。

2. 调整竞价出价

每家外卖店铺的最优竞价强度不尽相同，需要反复地测试和调整。通常来说，运营人员只需要将竞价强度调整到让店铺在每天的订餐高峰期都能出现在推荐列表中，没有必要盲目追求排名有多靠前，这样既能有效避免资金浪费，也不会因为出价过低而失去曝光的机会。

出价时，可以充分参考系统给出的建议，并根据自家店铺的运营节奏，不断调整出价方案。同时，外卖店铺运营人员还要合理使用定向出价功能。如果每日的预算设置得过低，会导致还没有实现预期的引流目标，就因预算不足而自动停止推广了。

此外，商家在竞价推广中的排名也与店铺价值密切相关，因此要做好竞价推广，首先需要保证店铺本身是优质的，获得系统认证的较高的店铺质量分。

3. 设置投放时间

设置投放竞价推广的时间，具体有以下几种方式。

（1）根据预算设置。

如果店铺的预算充足，则可以全天投放，争取获得最大的曝光量；如果预算有限，则可以选择只在订餐高峰期投放，节省更多的成本。

（2）根据店铺品类设置。

如果店铺主营的是正餐，既可以选择全天投放，也可以只在正餐的订单高峰期投放；如果店铺的主营产品是下午茶，则可以只在午后和晚间投放；而夜宵则集中在夜间投放，这样可以在节约成本的同时，获得更高的订单转化率。

（3）出现高温、雨雪等特殊天气时进行相应设置。

如果店铺平时订单比较多，出现特殊天气时可以减少或停止投放，避免因天气原因"爆单"[⑦]，商品却难以顺利送出；而平时订单偏少的店铺遭遇特殊天气，则可以把握机会，用更低的投入争取更好的排名、曝光和订单数。

（4）根据店铺发展阶段设置。

排名靠后的店铺和新店，使用竞价推广的效果会更加明显。

总之，合理地参与营销活动，能够让外卖店铺的宣传事半功倍。此外，店铺在积极参与活动、增加曝光的同时，也要注重店铺的美化和菜单的优化，以实现更高的转化率。

4.3 酒店旅行平台的流量运营

> **引导案例**

新开业的米果酒店是一家位于城市新开发区的酒店，位置比较偏僻，但是设施都很新，并且娱乐设施的种类很多。

但是，开业后的半年内，酒店的客人非常少，服务员一直很清闲。

尽管酒店早已入驻了美团和携程这两个平台，但是来自线上的订单并不多，并且由于位置相对偏僻，线下的客源也不多。

如果要你对这个酒店的流量情况进行诊断，作为移动互联网运营人员，你应该如何分析，并给出

---

⑦ 爆单：用户的下单量远超昨天或者平时的下单量。

哪些优化调整建议？

4.3.1　酒店旅行平台的流量运营思路

与运营线下实体酒店一样，要想线上生意好，首先要有客流量，保证酒店能被人看到；接着还要有转化率，让看到酒店的人愿意下单消费。流量与转化率是任何酒店旅行平台的运营工作绕不开的核心话题。

与外卖类平台不同，用户对酒店旅行类产品消费行为的介入程度较高，即用户购买一项产品需要投入的时间和精力较多。因此，酒店在酒店旅行平台上的流量运营思路应与外卖类平台不同。

基于此，在酒店旅行类产品流量运营过程中，需要重点关注流量渠道和转化率。

1. 流量渠道

酒店旅行平台上展示的酒店通常会出现在以下两个关键页面，这两个页面也是酒店主要的导流渠道：一是列表页，多家酒店以简要信息卡片的形式排列展示；二是详情页，每家酒店会有详情页，展示该酒店的图片、房型、点评、价格等详细信息。

（1）流量的来源。

流量来自曝光量。曝光量是指有多少用户通过列表页等渠道看到该酒店，而流量是指在一段时间内用户对酒店详情页的访问量，所以需要先有曝光量才能获取流量。

相关公式为：订单数 = 流量 × 转化率。公式中的"流量"可以被进一步拆解，即流量 = 曝光量 × 点击率，其中点击率是指看到酒店后，点击进入酒店详情页的用户占看到酒店的用户的比例。

（2）提升曝光量。

在竞争激烈的今天，酒店旅行类产品做得再好，如果没有有效的营销推广，也很难被更多人知晓。提升曝光量是在酒店旅行平台上开展运营工作的首要任务，可以从以下几个方面入手。

1）排名提升。

在进行线下门店选址时，酒店会优先考虑好的位置；同理，在酒店旅行平台上，酒店的位置越好，其曝光量往往就越大。所以，应使酒店在酒店旅行平台列表页的排名尽可能靠前。

2）筛选曝光。

酒店的曝光量，除了受到排名的影响，还会受到用户搜索与筛选行为的影响。酒店旅行平台在酒店查询页、列表页提供了多类筛选条件，酒店满足的条件越多，通过筛选获得的曝光量就越高。

- 促销活动。

在诸多筛选条件中，促销活动的筛选较为常见，包括常规促销、时令促销、权益活动等。除了筛选项，参与促销活动的酒店还会通过活动专辑页的展示而获得额外的曝光量。

- 特色条件。

除了促销活动外，酒店相对可控的筛选条件还有价格区间、设施服务、早餐、床型、酒店点评、酒店旅行服务等，酒店可以有针对性地进行优化。

3）提升点击率。

在酒店旅行平台的酒店列表页中有成千上万家酒店，因此仅获得曝光量还不够，只有吸引客人点击进入详情页，曝光量才有可能转化为流量。一般来说，酒店的点击率有以下 3 个影响因素，如图 4-12 所示。

图 4-12

- 酒店首图。

在列表页的酒店信息展示卡片中，相比文字，酒店首图对用户的影响更大，在提升点击率中发挥的作用也更大。

- 酒店点评。

酒店点评是历史住客对酒店的评价。列表页中呈现的点评信息包括点评数、点评分、点评标签等。点评数越多、点评分越高，点评标签越正面，对用户点击进入详情页的激励作用就越大。

- 售卖起价。

用户在预订酒店时，不仅关心酒店位置，还关心酒店的价格。售卖起价通常是指用户选定的入住日期的最低卖价。在产品相似的情况下，用户更倾向于选择高性价比的酒店。

2. 提升转化率

吸引到流量以后，让用户愿意买单的关键是优化酒店详情页的信息，以此来提升转化率。下面以携程为例，其详情页的包装分为 3 个部分——信息包装、酒店点评、售卖策略，如图 4-13 所示。

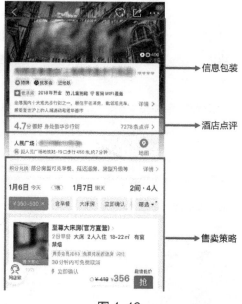

图 4-13

（1）信息包装。

用户在酒店旅行平台浏览酒店信息时，无法真实触摸、感受酒店产品，只能通过各类信息来判断酒店是否符合预期。因此，酒店必须做好各类信息的展示，以更为清晰、更具吸引力地呈现酒店产品。

携程 App 要求酒店进行以下 3 种信息的展示：一是图像类信息，包括静态图片、视频、图文内容；二是文字类信息，包括对设施、政策、房型等的介绍；三是互动类信息，包括在线咨询、酒店问答、点评回复等。

（2）酒店点评。

用户入住酒店或离店后，可以通过打分、文字评价、上传图片等方式在酒店旅行平台上点评酒店。其他用户能够看到历史住客的点评，并将其作为选择酒店的依据。优秀的酒店通过好的产品与服务获得优质口碑，从海量同行中脱颖而出。

在合法合规的前提下，酒店可以通过对点评的运营和管理，提升线上口碑。在收到订单后，酒店应通过酒店旅行平台的商家后台，及时做好订单管理；用户到店后，酒店应做好服务，使用户满意，提升用户再次入住与二次传播的意愿，实现正向循环。

（3）售卖策略。

酒店客房售卖要讲究策略，除了完美展示产品之外，还要做好价格制订、优惠促销、增值服务、取消政策的优化等工作，在提高卖房率的同时，做到酒店收益最大化。

另外，酒店要及时在酒店旅行平台的商家后台做好酒店订单、房态、房价的基础维护工作，在保障售卖工作正常开展的同时，尽量提升客人的预订体验。

4.3.2　酒店旅行平台的流量获取方法

流量对线上运营工作的重要性无须赘述，流量入口、酒店排名对流量的重要性也显而易见。本节将从搜索流量、筛选流量两个方向来讨论如何实现酒店在酒店旅行平台的流量增长。

1. 扩大搜索流量规模

搜索流量是指用户在设置了一定搜索 / 筛选条件后进行搜索，通过列表页进入酒店详情页所带来的流量，这是多数酒店在酒店旅行平台的主要流量来源之一。扩大搜索流量规模，需要酒店在列表页拥有足够大的曝光量，而曝光量的增长则要求酒店在列表页排名较为靠前。

搜索时，用户可以选择不同的排序类型，对列表页的酒店进行重新排列。排序类型通常包含欢迎度排序、智能排序、好评优先、点评数（多→少）、低价优先、高价优先、直线距离（近→远）、步行 / 驾车距离（近→远）。

（1）欢迎度排序。

欢迎度排序是指用户未添加任何地标点，仅使用城市、入离时间等条件进行搜索，获得的搜索结果页面的排序，这是酒店旅行平台常见的排序类型，如图 4-14 所示。

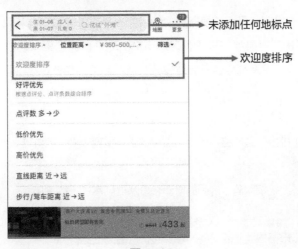

图 4-14

通常，运营人员口中的排名提升，指的就是欢迎度排序名次的提升。影响欢迎度排序名次的因素有3个：一是酒店评分，二是酒店挂牌情况，三是金字塔、直通车等运营工具的使用。

（2）智能排序。

当客人使用地标点（如"东方明珠"等）作为搜索/筛选条件时，搜索结果会按照智能排序进行展示，如图4-15所示。智能排序采取千人千面的个性化推荐方式，将不同类型的酒店分别展示给适合的用户。

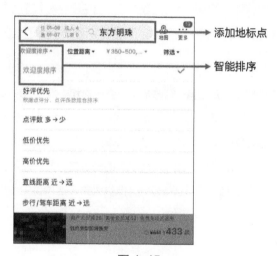

图4-15

（3）好评优先。

欢迎度排序、智能排序，是系统根据用户的搜索条件进行筛选后，再以系统默认的方式排序的排序类型；而好评优先等类型的排序，则是用户主动选择的结果。选择好评优先的排序类型后，用户看到的列表页是由系统结合酒店点评分、点评数量综合计算后，按照得分从高到低进行展示的。

（4）点评数（多→少）。

点评数（多→少）排序，是严格按照酒店点评数量从多到少进行的排序。

（5）低价优先。

低价优先排序，是严格按照酒店房间的售卖起价从低到高进行的排序。

（6）高价优先。

高价优先排序，是严格按照酒店房间的售卖起价从高到低进行的排序。

（7）直线距离（近→远）。

直线距离（近→远）排序，一般是按照酒店与用户搜索时添加的地标点之间的直线距离，从近到远进行的排序。

（8）步行/驾车距离（近→远）。

步行/驾车距离（近→远）排序，一般是为对出行方式有特殊偏好的用户进行的排序。

由于酒店的位置、价位、点评难以在短时间内人为地发生巨大变化，所以要实现曝光量的增加，关键在于欢迎度排序、智能排序的优化。

2. 提高筛选流量精度

通过搜索进入列表页后，部分用户会使用顶部筛选项进一步缩小其要挑选的酒店范围。酒店旅行平台提供了3个筛选项：位置距离筛选、价格/星级筛选、特色条件筛选（页面中显示为"筛选"），如图4-16所示。

图4-16

（1）位置距离筛选。

位置距离筛选的使用频次较高，系统会根据各个城市的实际情况，提供距离、热门、景点、行政区、商业区、地铁线、机场车站、医院、大学等筛选条件，如图4-17所示。

1）地标位置筛选。

当用户输入一个地标点作为筛选条件后，列表页通常会按照智能排序展示。对于这种情况，酒店能做的就是对品牌、价格、星级等信息进行正常维护，使得系统推荐时，酒店能获得用户的关注。酒店的各类信息越完整、精确，越容易被系统有效地推荐给合适的用户，转化率往往也会越高。

2）商业区/行政区筛选。

当用户使用商业区或行政区筛选时，系统一般会筛选出该区域范围内的酒店，按照欢迎度排序展示。运营人员可以通过查看各商业区的用户选择占比，了解它们各自的流量分布。

商业区的流量分布可以作为酒店开发选址的重要参考依据。通常，一个商业区的用户选择占比越高，其市场热度往往就越高。有相当一部分用户会按照商业区筛选酒店，例如，去国家会展中心出差的用户往往会选择国家会展中心所在的商业区。运营人员通过对欢迎度排序的优化，提升酒店在商业区内的排名。

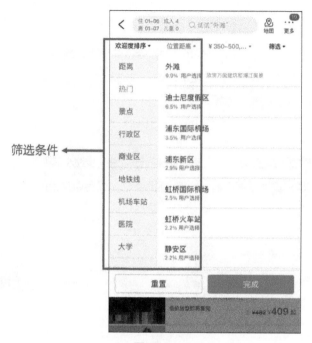

图 4-17

（2）价格 / 星级筛选。

除了地理位置，酒店的价格 / 星级也是用户关注的重要因素。习惯预订五星级酒店的用户在选定目标区域后，会更倾向于选择符合其消费习惯的价格 / 星级区间，如图 4-18 所示。

1）价格区间覆盖。

用户会通过列表页顶部的筛选项，在其接受的价格范围内选择酒店。通常，酒店产品覆盖的价格区间越广，越容易覆盖更多的客户群。

2）星级或钻级匹配。

星级是文化和旅游部对酒店的评定，而钻级是由酒店旅行平台参考酒店设施、房型、房价、点评、服务等因素综合评定的。用户筛选酒店时，会以星级或钻级作为依据。通常，星级或钻级由酒店的客观条件决定，难以在短期内发生很大的改变，对酒店流量影响相对较小，但酒店要保证自身产品与服务达到相应水准，否则用户入住后可能会投诉或差评。

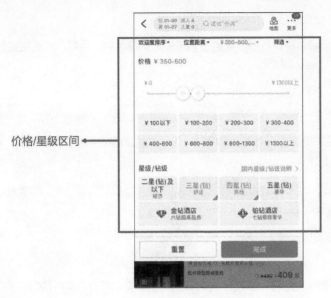

图 4-18

（3）特色条件筛选。

列表页顶部的"筛选"是特色条件筛选，如图 4-19 所示。点击进入该页面后，用户可以使用更精细化的条件，包括酒店类型、品牌、特色主题、优惠促销等，筛选更加符合自己期望的酒店。

图 4-19

1）优惠促销。

酒店可以通过参加门店新客、每日特惠等促销活动来进行优惠促销。当用户点击这些筛选按钮时，相应酒店会被筛选出来。

2）设施。

酒店的设施包括停车场、无线网络、洗衣机、厨房等。酒店可以通过新增相应的设施，满足不同用户的需求，保证当不同的用户筛选不同类型的酒店时，自己总能获得最大限度的曝光。

3）床型和早餐。

客人预订酒店时常关心的两大房型因素是床型和早餐。酒店可以根据房间格局，尽量满足不同客人对不同床型的需求，比如设置大床、双床、单人床、多张床等。对于早餐，酒店可以根据实际情况考虑是否提供免费早餐，以及提供早餐的时间和范围。

4）酒店点评。

用户在根据点评筛选酒店时，主要关注两点，分别是点评的数量和评分。用户倾向于选择点评数量多、评分高的酒店，因此，这两者也是酒店日常运营的重点工作。

5）酒店属性。

酒店类型、特色主题等由平台判定的酒店属性条件，一般无法轻易修改。

4.3.3　酒店旅行平台的促销活动

多数酒店会报名参加酒店旅行平台的促销活动，但不知道如何利用促销工具给酒店引流。接下来，我们将详细介绍促销活动的作用以及不同促销工具的类型和内容，以帮助酒店更好地使用促销工具，提升流量及收益。

1. 促销活动的作用

有一个常用的运营公式：订单数 = 曝光量 × 点击率 × 转化率。其中，曝光量、点击率、转化率这 3 项指标是促销工具为酒店酒店旅行平台运营带来的核心价值。

（1）促销影响曝光量。

参与促销活动的酒店能为用户提供高性价比的产品，所以酒店旅行平台会通过查询页的促销专辑位、列表页的促销筛选入口等方式优先向用户推荐这类酒店，以增加酒店的额外曝光量。

1）促销专辑位。

从酒店旅行平台官网到酒店旅行平台的移动端 App，参加促销活动的酒店会获得酒店旅行平台给予的各个渠道的活动专辑位展示。以携程 App 为例，在酒店查询页和第二屏的多个活动专辑位都有促销活动的展示，如图 4-20 所示。客人只要点击了某一专辑位，就能看到参与该活动的所有酒店。

图 4-20

2）促销筛选入口。

进入列表页后，点击页面右上角的"筛选"，进入默认的筛选条件页面；再点击"优惠促销"，页面会显示各种优惠促销活动的筛选条件，如图 4-21 所示。

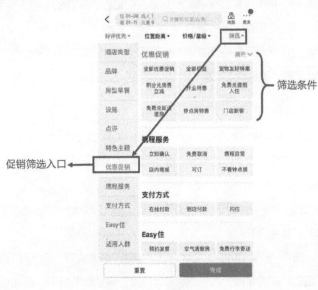

图 4-21

当一位门店新客选择了任意一类促销筛选活动时，他将看到相应的推荐酒店列表，列表中的酒店都报名了"门店新客"促销活动，这极大缩小了新客挑选的范围。与此同时，这些参加"门店新客"促销活动的酒店所能获得的曝光机会也将大幅增加。

总之，从查询页的专辑位到列表页的筛选入口，参与促销活动的酒店比起未参与活动的酒店，在曝光量方面获得了先发优势。

（2）促销影响点击率。

酒店在列表页的点击率即曝光转化率。当酒店信息展示在用户面前时，有多少比例的人愿意点击进入详情页，是决定流量的关键。促销工具从价格、标签两个方面来影响点击率。

1）价格激励。

当酒店参与优惠促销活动后，在其列表页的信息卡片上，价格下方通常会显示"已减￥××"的优惠信息，让用户明确感知到酒店的优惠力度，从而刺激用户点击进入酒店详情页。

2）标签激励。

除了价格激励，列表页酒店信息中的促销标签，如"门店新客减77元、黄金会员减113元"等，也能为酒店定向吸引一批客源。

通过提升曝光量和点击率，促销工具能为酒店赢得更多的流量。当用户进入酒店详情页后，促销工具又开始发挥出其提升转化率的作用。

（3）促销影响转化率。

促销对转化率的影响，是通过价格优惠和促销标签的提示来实现的。客人受到优惠折扣的激励，产生消费下单的冲动，进而提升酒店转化率。

但促销并不是简单的打折，而是提升整体收益的手段之一。酒店旅行平台数据显示：参加促销活动后，酒店转化率同比增长10%，流量提升21%。

2. 促销工具的类型及内容

酒店旅行平台推出的不同类型的促销工具可以满足酒店的线上营销需求。以携程的促销工具为例，这些营销工具可分为常规折扣类、库存管理类、增值权益类3种类型。

（1）常规折扣类。

常规折扣类促销工具是针对所有用户推出的日常折扣活动。借此，酒店通过提供入住折扣提升价格竞争力，通过优惠来刺激用户下单。

例如酒店旅行平台的"天天特价"促销工具。"天天特价"是酒店可以灵活使用的自运营促销工具，是酒店旅行平台最受酒店欢迎的促销工具。酒店可以根据自身的运营情况，例如淡旺季、同商圈竞争力、售卖情况等，自由设置折扣力度、促销时间。

1）使用场景。

所有酒店均可报名参加天天特价活动，该活动更适用于同商圈内的同质竞争对手，以及分店数量较多的酒店。酒店使用"天天特价"这一工具，能利用其明显的价格优势吸引用户，促成订单的成交。

2）推广位置。

天天特价活动常出现在酒店旅行平台国内酒店频道首页活动推广位、第 2 屏活动推广位，以及列表页标签、列表页筛选项等位置。

（2）库存管理类。

库存管理类促销工具是为帮助酒店提升入住率，减少空房、尾房数量，保证总体收益而推出的工具，例如今夜甩卖、连住优惠、提前预订、限时抢购、多间立减等。

1）今夜甩卖。

今夜甩卖主要针对当日未能满房的酒店，帮助酒店抓住每日最后一波客流，避免酒店房间空置带来的损失，提升酒店收益。

2）连住优惠。

连住优惠是通过设定连住条件并给予优惠，实现酒店整体入住率与收益提升的促销活动。酒店设置连住优惠，一能吸引本身有连住需求的用户预订更多间夜，二能拉动预订高峰时期前后的入住率。

3）提前预订。

多数用户习惯提前预订酒店。提前预订工具的使用能够帮助酒店提前锁定客源，降低客房闲置风险，尤其适用于淡旺季销量差异明显的酒店。

4）限时抢购。

限时抢购工具主要针对的是入住率不如预期的酒店。酒店每天的预订量存在峰值与谷值[8]，酒店可以通过在指定时段提供较大的折扣优惠来刺激用户下单，如图 4-22 所示。

5）多间立减。

从大家庭的共同出行到年轻人的聚会，多间入住的市场不容小觑，酒店旅行基于此推出了多间立减工具。

（3）增值权益类。

除了常规促销类工具，酒店旅行还推出了增值权益类工具，例如权益云计划、积分抵扣房费、付费延住、延迟退房、提前入住等。这类工具能将部分酒店已有的"隐形"权益转化成营销卖点，为更

---

⑧　峰值：在规定的时间范围内，时变量的最大值；谷值：在规定的时间范围内，时变量的最小值。

多客人提供良好的体验。

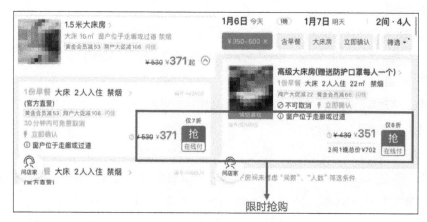

图 4-22

1）权益云计划。

权益云计划是酒店旅行针对会员用户推出的积分兑换类活动，用户通过消耗已有的积分来兑换入住酒店的增值权益服务。在酒店旅行平台上，参与该活动的酒店会显示"积分兑换"标签。酒店可以根据本店情况设置权益比例，例如有多少间夜可以获得相应权益等。对于免房，酒店需设置涉及的房型。

2）积分抵扣房费。

积分抵扣房费是指酒店旅行会员用户在下单前，可通过账户里的积分抵扣一定的房费。酒店可以通过这类优惠福利来提升客户体验，提高转化率。

3）付费延住。

付费延住指，用户入住参与这类权益活动的酒店后，如有延住需求，可以直接在酒店旅行平台付费申请，这样在提升用户体验的同时，还能保障酒店收益。

4）延迟退房。

许多酒店在客房出租率低的时期，允许用户延迟到 14:00 退房，以提升用户体验。使用延迟退房工具的酒店，其列表页信息卡片上会显示"可以延迟退房"，并以该增值权益作为酒店的卖点之一。

5）提前入住。

由于酒店一般会设置最早入住时间，部分提早到店的用户会被告知无法办理入住。酒店参与提前入住活动，可以为用户提供提前 4 小时入住的权益。

除了提前入住、延迟退房等权益活动，酒店旅行平台还提供迎宾、赠送果篮等权益活动，供酒店选择是否参加。对酒店来说，这类活动的最大价值在于：使用户提前知晓酒店日常提供的权益或服务，从而提升酒店产品的竞争力。

本章同步测试题 👉

一、单选题

1. 移动互联网产品成功的决定性因素是什么？【　　】
    A. 上市时间　　　　　　　　　　　B. 目标用户
    C. 产品流量　　　　　　　　　　　D. 用户规模

2. 就互联网运营这项工作而言，资深运营人员和普通运营人员之间的核心差别主要在于哪一方面？【　　】
    A. 掌握运营基础知识　　　　　　　B. 了解平台规则
    C. 熟悉平台使用方法　　　　　　　D. 建立工作流程化标准

3. 位于外卖平台首页最上方，便于用户找到自己需要的菜品或者店铺的入口，同时也是店铺将线下用户向线上引流的重要渠道。这里的入口是指什么？【　　】
    A. 搜索入口　　　　　　　　　　　B. 活动海报入口
    C. 营销活动入口　　　　　　　　　D. 品类导航入口

4. 一种外卖平台常用的精准营销工具，店铺可以自己设置单次点击的价格，并以此来提高店铺在平台首页的曝光量和流量。该营销工具被称为什么？【　　】
    A. 公关活动　　　　　　　　　　　B. 关键词推广
    C. 竞价推广　　　　　　　　　　　D. 用户营销

5. 一种为用户提供的体系，使用户可以从卖产品质量、品味、包装、配送等方面对店铺进行评价，是决定店铺排名的重要因素。请问这一体系是什么？【　　】
    A. 店铺名称　　　　　　　　　　　B. 店铺评价分
    C. 店铺活动　　　　　　　　　　　D. 配送时间

二、多选题

1. 一个优秀的运营人员应该以结果为导向，熟练掌握、灵活运用多种资源、方法、技巧

等，以下属于运营者要具备的基本素质的是？【　　　】

    A. 随时洞察用户喜好   B. 对平台规则的理解能力

    C. 对数据的敏感性   D. 懂得整合和借势

    E. 执行能力强

2. 流量的转化是一个非常复杂的话题，在具体的工作中，可以通过流量漏斗模型对流量转化的不同阶段进行分解，对复杂的问题进行一定程度的简化处理。请问在生活服务平台的具体运营工作中，流量漏斗模型主要涉及哪些方面的数据？【　　　】

    A. 展示   B. 点击

    C. 访问   D. 咨询

    E. 订单

3. 在开展流量运营工作之前，需要了解店铺的现状，了解店铺的流量结构，从而发现问题并明确改进方向。运营人员一般会从哪几个方面入手？【　　　】

    A. 免费流量   B. 付费流量

    C. 自主访问   D. 站外流量

    E. 其他来源

4. 对一家店铺而言，要打造好的流量结构，需要做好以下哪几项？【　　　】

    A. 合理的产品结构   B. 精准的关键词

    C. 规律的上下架时间   D. 丰富的流量入口

    E. 适当的付费广告

5. 店铺排名是影响店铺流量的关键因素之一，店铺排名的高低直接决定了店铺在外卖平台上的具体展示位置，也决定了店铺出现在用户面前的概率。以下哪些因素可能直接影响到店铺的排名？【　　　】

    A. 店铺历史销量   B. 店铺评价分数

    C. 店铺评价回复情况   D. 店铺营业时间

    E. 店铺回头客数量

三、判断题

1. 无论身处哪个行业，交易平台类的产品都需要同时服务好 B 端的企业客户和 C 端的消费者，而服务会有不同的规则与标准，这些都需要运营人员熟悉并掌握。【　　　】

2. 为了获取流量，很多大平台不惜付出巨大的代价。2018 年，美团花费 27 亿美金收购摩拜单车，就是为了借助被广泛使用的共享单车产品为美团导流。【　　】

3. 外卖平台上竞争十分激烈，但想要在众多店铺中脱颖而出并不是难事。只要店铺投入更多的资金，获得平台流量的支持，就能大幅度提升店铺的整体销量。【　　】

4. 酒店旅行平台的流量运营思路与运营线下实体酒店一样，想要生意好，先得有客流。因此，运营人员需要对酒店旅行平台的流量进行运营，运营方式与外卖平台一样，外卖平台的运营人员很容易胜任酒店旅行平台的运营工作。【　　】

5. 对酒店旅行平台而言，流量的多与少直接影响着酒店的客流量与曝光量，因此，运营人员必须通过增加搜索流量以及提高筛选流量精度来实现酒店在酒店旅行平台的流量增长。

【　　】

四、案例分析

小张开了一家炸串店，开始了他的创业生涯。创业初期，因为门脸较小，小张想把主要精力放在外卖平台上。如果你是小张店铺的运营人员，要在开业初期提升店铺的客流量以及点单量，你建议采用哪些方法？